그웬의
코바늘
아기옷

그웬의 코바늘 아기옷

발　행 | 2018년 05월 15일
저　자 | 김아람
펴낸이 | 한건희
펴낸곳 | 주식회사 부크크
출판사등록 | 2014.07.15.(제2014-16호)
주　소 | 경기도 부천시 원미구 춘의동 202 춘의테크노파크2단지 202동 1306호
전　화 | 1670-8316
이메일 | info@bookk.co.kr

ISBN | 979-11-272-3901-5

www.bookk.co.kr

그 웬의
코 바 늘
아 기 옷

김 아 람 지음

Prologue

안녕하세요. 여러분을 블로그 혹은 카페에서 뵈었던 그웬, 김아람입니다. 책으로 만나 뵙게 되어 너무나도 기쁘고 반갑습니다.
제 작품을 한결같은 마음으로 예뻐해 주신 모든 분들께 진심을 담아 감사의 인사를 올립니다. 저의 열심은 여러분의 무한 칭찬과 응원 덕분입니다. 고맙습니다.

이 책은 제가 소장하기 위해 만들기 시작했으나 혹시 저처럼 책으로 소장해 언제든지 손쉽게 도안을 열어 보고 싶은 분들이 있지 않을까 싶어 그리고 언젠가 닥치게 될지도 모를 저의 부재를 대비하여 출판하게 되었습니다. 부디 제게도 소중한 소장본인 것처럼 여러분께도 소중한 소장본이 되길 바랍니다. 두 번째 책 또한 준비 중이며 수록되지 않을 몇몇의 작품들은 네이버 카페 **그웬컴퍼니**에서 구 버전 도안으로 보실 수 있습니다.

할 말이 많을 거라 생각해 한 페이지를 비워뒀는데 되고 후 막상 글을 쓰려니 별로 할 말이 없어서 어쩌지요? 아무래도 제가 하고 싶었던 말은 도안을 수십 번 들여다보는 사이 그곳에 다 쏟아 부은 듯합니다.

뜨개를 하고 도안을 써서 공유하는 행위를 일이라고 하긴 뭣하지만, 제겐 일이나 다름없는 이 행위를 언제까지 할 수 있을까, 언제까지 하게 될까, 종종 생각을 해 보곤 합니다. 단지 취미생활의 연장선이라고 하기에는 전 정말 많은 에너지를 여기에 쏟고 있거든요. 코바늘 손뜨개 동료를 향한 저의 사랑이 얼마나 큰지 모릅니다. 이 글을 보시는 분들의 마음에 제 진심이 무사히 전달되길 바랍니다.

제 작품과 도안을 바탕으로 마음껏 창의력을 발휘하셔서 원작보다 더 멋지고 아름다운 작품들 많이 탄생시키시길 바랍니다. 제 바람은 단지 그것뿐입니다. 가깝고도 먼, 멀고도 가까운, 저와 함께 하시는 모든 코바늘 손뜨개 동료 여러분. 언제나 행복하길 바랍니다, 여러분의 취미생활과 여러분이 사랑하는 아이들과 그 아이들을 향한 여러분의 사랑을 진심으로 축복합니다. (하트 백개)

Gwen Stacy

Contents

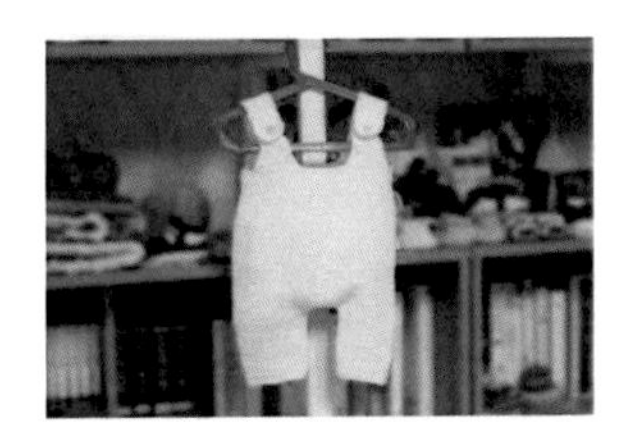

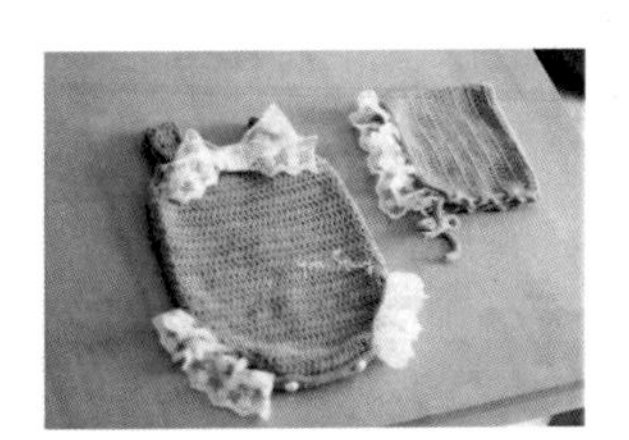

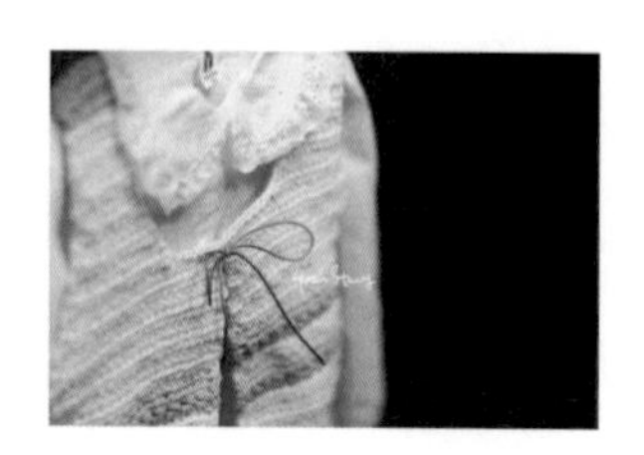

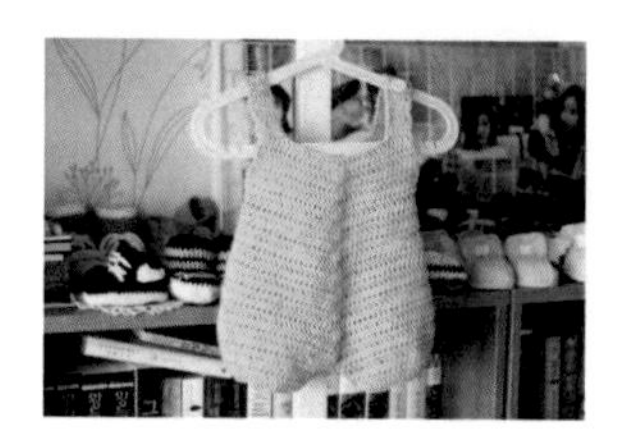

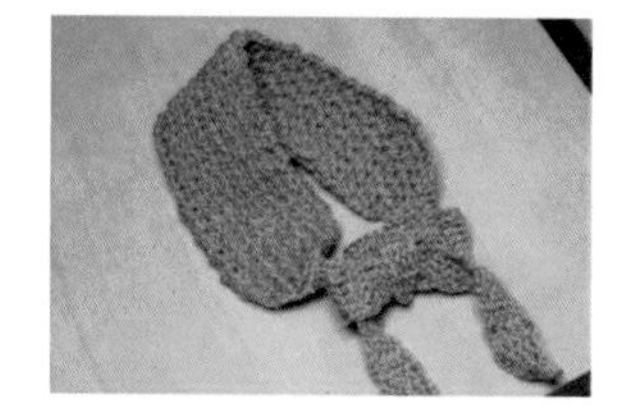

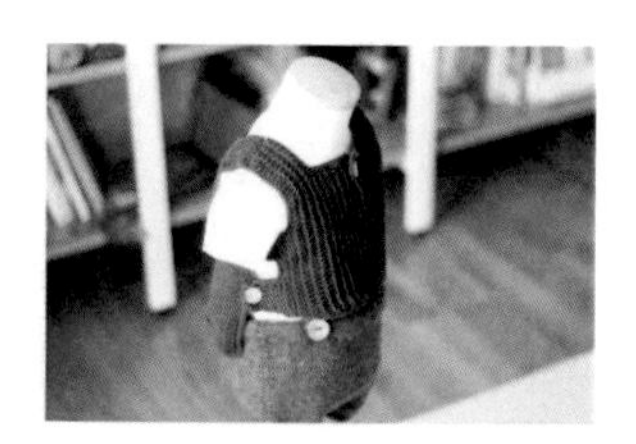

모티브 니트 82

구찌 가디건 86

아디다스 니트 1 세트 88

아디다스 니트 2 세트 92

뷔스티에 96

꽈배기 조끼 98

그냥 니트 102

호박 원피스 세트 106

꽈배기 원피스 110

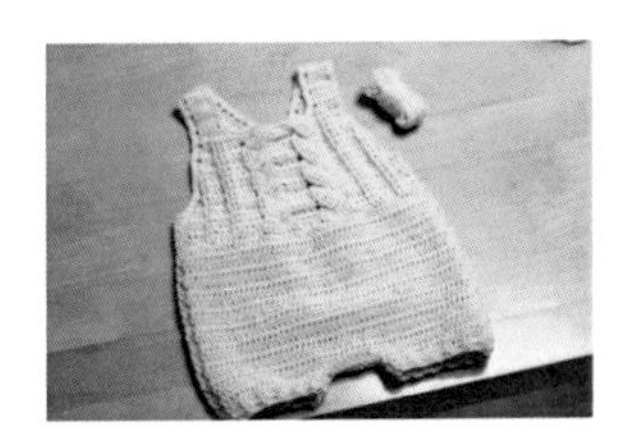

꽈배기 멜빵수트 114

미*앤*프 st. 원피스 118

카라 원피스 122

Guide

1. 개인소장을 목적으로 제작되었으며, 2차 유포를 금지합니다.

2. 편의를 위해 국립국어원의 맞춤법과 띄어쓰기를 따르지 않았습니다.

3. 기초를 생략했습니다.

4. 기둥코와 빼뜨기 서술을 생략했습니다.

✓ 기둥코 생략의 예 (매단 적용)
- 한길 10 : 기둥코(사슬 3), 한길긴뜨기 9
- 짧 10 : 기둥코(사슬 1), 짧 10

✓ 빼뜨기 생략의 예 (원형뜨기에서만 매단 적용)
- 한길 10 : 기둥코(사슬 3), 한길긴뜨기 9, 첫코와 빼뜨기

5. 주로 쓰이는 서술어

✓ 한길 : 한길긴뜨기
✓ 긴 : 긴뜨기
✓ 짧 : 짧은뜨기
✓ 두길 : 두길긴뜨기
✓ 뜨기법 뒤에 숫자가 적혀있지 않으면 1개를 의미 (예 : 짧 = 짧 1, 한길 = 한길 1)
✓ 쭉 : 반복해서 뜨라는 말
✓ 뒤집어가며 뜨기 : 평면뜨기
✓ 앞걸 : 앞걸어뜨기
✓ 뒤걸 : 뒤걸어뜨기
✓ * : 곱하기
✓ 빼 : 빼뜨기

6. 테두리 팁

✓ 바깥모서리 : 짧3개늘리기
✓ 안쪽모서리 : 짧2개모으기
✓ 누운 한길긴뜨기 = 짧 2
✓ 사용한 바늘 보다 한 치수 작은 바늘 권장

7. 도안에 대한 오류와 질문은 네이버카페 〈그웬컴퍼니〉에 남겨주세요.

단가라 원피스

check list

✓ 소프티 살구색 2-3볼, 진밤색 1볼 / 6호
✓ 1-2세 사이즈
✓ 뜨는 순서 : 하단 » 상단 » 끈
✓ 늘리는 법 : 원하는 만큼 기초코와 단수 추가

how to make

✓ 사슬 120개로 시작 (원형뜨기)
1-3단 : (살구색) 한길 120
4단 : (진밤색) 짧 120
5-27단 : 1-4단 반복 (색상도 동일하게 반복)
28단 : (진밤색) 짧 14, 18코 겹쳐뜨기(아래 그림참조), 짧 10, 18코 겹쳐뜨기, 짧 60
29-31단 : 한길 96

✓ 끈 : 31단 위에서 적절한 위치에 앞, 뒤 두개씩 총 4개 뜨기
1-30단 : 한길 5

✓ 18코 겹쳐 뜨기 : 편물을 양쪽으로 겹쳐지게 접어서 세코씩 한꺼번에 짧은뜨기

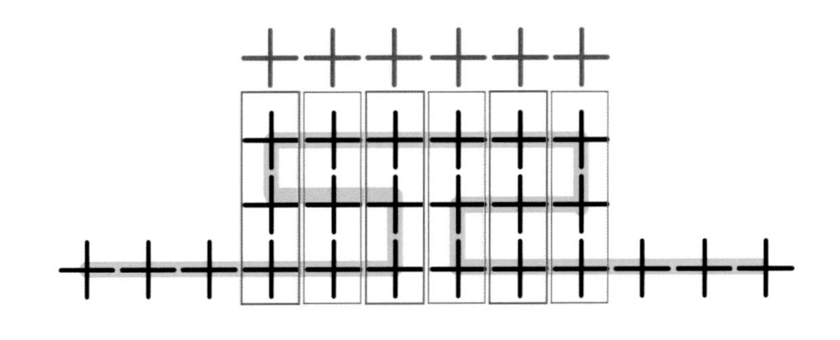

편물의 흐름

tip

✓ 어린 아가에게는 원피스로, 성장한 아이에게는 멜빵치마로 입히면 좋아요!

탑다운 니트

check list

✓ 소프티 파란색 2볼 / 8호
✓ 1-2세 사이즈 (배둘레 56cm)
✓ 뜨는 순서 : 목둘레 » 몸통 » 팔
✓ 늘리는 법 : 한 무늬 6코 (기초코 = 56 + 6의 배수)
✓ 6코 늘리는 위치 : 1단 - 한길 8(+1), V무늬, 한길 10(+1), V무늬, 한길 16(+2), V무늬,
한길 10(+1), V무늬, 한길 8(+1)
✓ V무늬 :

how to make

✓ 사슬 56개로 시작 (원형뜨기)
1단 : 한길 8, V무늬, 한길 10, V무늬, 한길 16, V무늬, 한길 10, V무늬, 한길 8
2단 : 한길 9, V무늬, 한길 12, V무늬, 한길 18, V무늬, 한길 12, V무늬, 한길 9
3-12단 : 1-2단과 같은 형식으로 뜨기 (매단 8코씩 증가)
13단 : 한길 위에 한길 1코씩,
첫번째 V무늬와 두번째 V무늬의 사슬 공간을 겹쳐서 한길, 한길 위에 한길 1코씩,
세번째 V무늬와 네번째 V무늬의 사슬 공간을 겹쳐서 한길, 한길 쭉
13-20단 : 한길 쭉

✓ 팔 (원형뜨기)
13-17단 : 13단을 뜨며 남겨둔 코 위에 한길 쭉

tip

✓ 배색을 하면 색다른 니트가 됩니다!

미키 니트

미니 니트

check list

✓ 소프티 민트색 2볼, 아이보리색 1볼, 검정색 1볼 / 니트- 8호, 미키와 리본 - 6호
✓ 1-2세 사이즈 (배둘레 56cm)
✓ 뜨는 순서 : 목둘레 » 몸통 » 팔 » 미키 혹은 미니 얼굴
✓ 늘리는 법 : 한 무늬 6코 (기초코 = 56 + 6의 배수), 길이는 단수 추가
✓ 6코 늘리는 위치 : 1단 - 한길 8(+1), V무늬, 한길 10(+1), V무늬, 한길 16(+2), V무늬,
한길 10(+1), V무늬, 한길 8(+1)
✓ V무늬 :

how to make

✓ 사슬 56개로 시작 (원형뜨기)
1단 : (아이보리색) 한길 8, V무늬, 한길 10, V무늬, 한길 16, V무늬, 한길 10, V무늬,
한길 8
2단은 V무늬를 제외한 나머지 한길긴뜨기를 '앞걸, 뒤걸' 번갈아가며 뜨기
2단 : (민트색) 한길 9, V무늬, 한길 12, V무늬, 한길, 18, V무늬, 한길 12, V무늬, 한길 9
3-11단 : 1-2단과 같은 형식으로 뜨기 (매단 8코씩 증가, 걸어뜨기는 2단만 적용)
12단 : 한길 위에 한길 1코씩,
첫번째 V무늬와 두번째 V무늬의 사슬 공간을 겹쳐서 한길, 한길 위에 한길 1코씩,
세번째 V무늬와 네번째 V무늬의 사슬 공간을 겹쳐서 한길, 한길 쭉
13-21단 : 한길 위에 한길 쭉
22-24단 : (아이보리색) (앞걸, 뒤걸) * 반복

✓ 팔 (원형뜨기)
12-20단 : (민트색) 13단에서 남겨둔 코 위에 한길 쭉
21-22단 : (아이보리색) (앞걸, 뒤걸) * 반복

✓ 미키 얼굴 (원형뜨기, 매직링으로 시작)
1단 : 짧 6
2단 : 짧2개늘리기 6
3단 : (짧, 짧2개늘리기) * 6
4단 : (짧 2, 짧2개늘리기) * 6
5단 : (짧 3, 짧2개늘리기) * 6
6단 : (짧 4, 짧2개늘리기) * 6
7단 : (짧 5, 짧2개늘리기) * 6
8단 : (짧 6, 짧2개늘리기) * 6

✓ 귀 (원형뜨기, 매직링으로 시작)
1단 : 짧 6
2단 : 짧2개늘리기 6
3단 : (짧, 짧2개늘리기) * 6
4단 : (짧 2, 짧2개늘리기) * 6

✓ 미니 리본 (뒤집어가며 뜨기, 사슬 9개로 시작)
1-2단 : 짧 9
3단 : 짧2개모으기, 짧 5, 짧2개모으기
4단 : 짧 7
5단 : 짧2개모으기, 짧 3, 짧2개모으기
6단 : 짧 5
7단 : 짧2개모으기, 짧, 짧2개모으기
8-9단 : 짧 3
10단 : 짧2개늘리기, 짧, 짧2개늘리기
11단 : 짧 5
12단 : 짧2개늘리기, 짧 3, 짧2개늘리기
13단 : 짧 7
14단 : 짧2개늘리기, 짧 5, 짧2개늘리기
15-16단 : 짧 9
짧은뜨기로 테두리를 두르고 가운데 부분을 실로 돌돌 감아 모양내기

✓ 니트 앞판 중앙에 미니 얼굴과 리본을 돗바늘로 잇기

tip

✓ 진주알 끼우며 뜨는 법! - 유튜브 김그웬 진주알 레이스 덧신 1분25초부터
✓ 리본을 다 뜬 후 진주알을 꿰어도 돼요!
✓ 미키 니트로 만들 경우 귀를 기우지 않으면 달랑거리는 귀여운 맛이 있어요!

플레어 니트

크라운 백

check list (knit)

✓ 소프티 살구색 3볼 / 7호, 레이스 공단, 오마이베베 아이보리색 1볼 / 10호
✓ 1-2세 사이즈 (배둘레 56cm)
✓ 뜨는 순서 : 목둘레 » 앞/뒤판 » 앞/뒤판 잇기 » 테두리 » 레이스 달기 » 넥워머
✓ 늘리는 법 : 한 무늬 6코 (기초코 = 56 + 6의 배수), 길이는 단수 추가
✓ 6코 늘리는 위치 : 한 면당 3코씩 추가, 양면 합해 총 6코 추가
1단 - 한길 2(+1), 늘리기, 한길 3, V무늬, 한길 3, 늘리기,
한길 6(+1), 늘리기, 한길 3, V무늬, 한길 3, 늘리기, 한길 2(+1)
✓ V무늬 : , 늘리기 :

how to make (knit)

✓ 사슬 56개로 시작 (1단만 원형뜨기, 2단부터 앞/뒤판 따로 뒤집어가며 뜨기)
1단 : (한길 2, 늘리기, 한길 3, V무늬, 한길 3, 늘리기, 한길 6, 늘리기, 한길 3, V무늬, 한길 3, 늘리기, 한길 2) * 2번 반복
2단은 V무늬를 제외한 나머지 한길긴뜨기를 '앞걸, 뒤걸'로 번갈아가며 뜨기
2단 : 한길 8, V무늬, 한길 18, V무늬, 한길 8
3단 : 한길 9, V무늬, 한길 20, V무늬, 한길 9
2-3단과 같은 형식으로 뜨기
12단 : 한길 18, V무늬, 한길 38, V무늬, 한길 18, 실 끊기
첫번째 V무늬 사슬 공간에서부터 시작해 두번째 V무늬 사슬 공간까지
13-17단 : 한길 42 (18단부터 치마)
18단 : 한길 3, 늘리기, (한길 6, 늘리기) * 5번 반복, 한길 3
19단 : 한길 48
20단 : 한길 4, 늘리기, (한길 7, 늘리기) * 5번 반복, 한길 3
21단 : 한길 54
22단 : 한길 4, 늘리기, (한길 8, 늘리기) * 5번 반복, 한길 4
23단 : 한길 60
24단 : 한길 5, 늘리기, (한길 9, 늘리기) * 5번 반복, 한길 4
25단 : 한길 66
26단 : 한길 5, 늘리기, (한길 10, 늘리기) * 5번 반복, 한길 5
27단 : 한길 72

✓ 팔
13-19단 : 12단에서 남겨둔 코 위에 한길 18
20단 : (앞걸, 뒤걸) * 반복

✓ 반대편 편물 동일하게 뜨기 (2단부터 시작)
✓ 몸통 잇기 : 앞/뒤판 옆선 잇기
✓ 치맛단 테두리 : 짧은뜨기
✓ 팔목과 치마 하단에 레이스 공단 달기
✓ 넥워머 : 22코로 시작
1단 : 한길 3, 늘리기, 한길 3, 늘리기, 한길 6, 늘리기, 한길 3, 늘리기, 한길 3
적당한 길이로 두 줄을 잘라 넥워머와 폼폼 연결.

check list (bag)

✓ 오마이베베 아이보리색 1볼 / 10호, 똑딱이 단추, 대용량 수면사 밤색, 참장식, 가죽줄
✓ 뜨는 순서 : 앞판 » 뒤판 » 테두리 선 » 앞/뒤판 잇기 » 끈 달기 » 방울 달기

how to make (bag)

✓ 사슬 12개로 시작 (뒤집어가며 뜨기)
1-3단 : (오마이베베) 한길 12
4단 : 아래 그림 중 빨간색 부분 참조

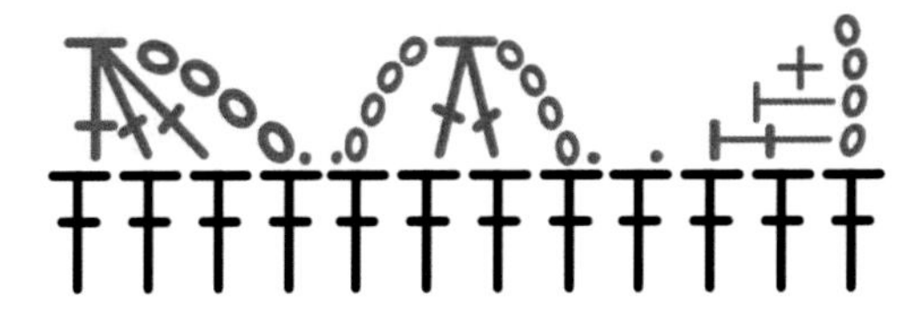

✓ 대용량 수면사와 돗바늘을 이용해 편물 가장자리에 테두리 두르기
✓ 양 편물을 잇고 안쪽에 똑단추 달기
✓ 참장식으로 앞판 장식하기
✓ 가죽 줄 달기
✓ 방울
1단 : 짧 6, 2단 : 짧2개늘리기 6, 3단 : (짧, 짧2개늘리기) * 6,
4단 : (짧 2, 짧2개늘리기) * 6, 5-8단 : 짧 24, 9단 : (짧 2, 짧2개모으기) * 6
10단 : (짧, 짧2개모으기) * 6, 11단 : 짧2개모으기 6, 12단 : 빼뜨기로 마무리

tip

✓ 가방을 뜰 땐 털이 북실북실한 실만 사용하셔야 돼요!

꽃피스

check list

✓ 소프티 살구색 3볼, 올리브색 1볼, 아이보리색 1볼, 연노랑색 1볼 / 6호
✓ 1-2세 사이즈 (배둘레 56cm)
✓ 뜨는 순서 : 모티브 » 모티브 연결 » 어깨끈 » 치맛단 연결
✓ 늘리는 법 : 모티브 추가, 길이는 단수 추가
✓ 팝콘뜨기 : 한길 5개로 뜨기

how to make

✓ 상의 : 모티브 8개 만들기 (매직링으로 시작)
1단 : (연노랑색) (한길, 사슬) * 12번 반복
2단 : (아이보리색) 1단의 사슬 아래 공간마다 (팝콘뜨기, 사슬 2) * 12번 반복
3단 : (올리브색) 2단의 사슬 아래 공간마다 한길 3개를 뜨되
4개의 모서리에서는 '한길, 두길 2, 사슬 2, 두길 2, 한길'

✓ 8개의 모티브를 원통으로 연결
✓ 끈 : 적절한 어깨 위치에 어깨끈 두 줄을 25단까지 뜨고 반대편에 잇기
1-25단 : 한길 10

✓ 치마 (원형뜨기)
1-20단 : (살구색) 그림의 치마 1단과 2단을 참조
21단 : (첫번째 사슬 공간 짧, 두번째 사슬 공간 한길7개늘리기) * 반복

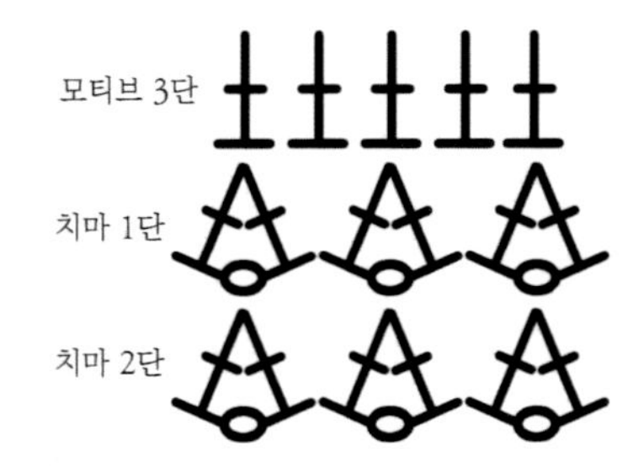

✓ 테두리 : 진동둘레와 목둘레 짧은뜨기

tip

✓ 상의와 치마를 같은색으로 해도 예뻐요!

우주복

check list

✓ 헤라코튼 연그린색 2볼, 아이보리색 1볼 / 7호
✓ 1세 사이즈 (배둘레 56cm)
✓ 뜨는 순서 : 앞판 » 뒤판 » 앞/뒤판 잇기 » 테두리 » 어깨끈
✓ 늘리는 법 : 원하는 만큼 기초코와 단수 추가

how to make

✓ 사슬 22개로 시작 (뒤집어가며 뜨기)
1-3단 : (연그린색) 한길 22, 사슬 3, 실 끊기 (여기까지 다리 한쪽)
다시 사슬 22개로 시작
1-3단 : 한길 22
4단 : 한길 22, 만들어두었던 편물의 사슬 3 위에 한길 3(가랑이), 한길 22
5-20단 : 한길 47
21-22단 : (아이보리색) 한길 47
23-26단 : (연그린색) 한길 47
27-28단 : (아이보리색) 한길 47
29-32단 : (연그린색) 한길 47

✓ 동일한 편물 하나 더 뜨기
✓ 두 편물의 측면과 가랑이 연결
✓ 테두리 : 한 치수 작은 바늘을 사용해 짧은뜨기로 가슴둘레, 다리구멍 한단 두르기

✓ 끈 : 적절한 어깨 위치에 어깨끈을 18단까지 떠 반대편에 잇기
1-18단 : 한길 2

tip

✓ 필요에 따라 가랑이를 잇지 않고, 한길긴뜨기를 2단까지 떠서 단추를 달아 열고 닫을 수 있게 해도 좋아요!

바나나 멜빵

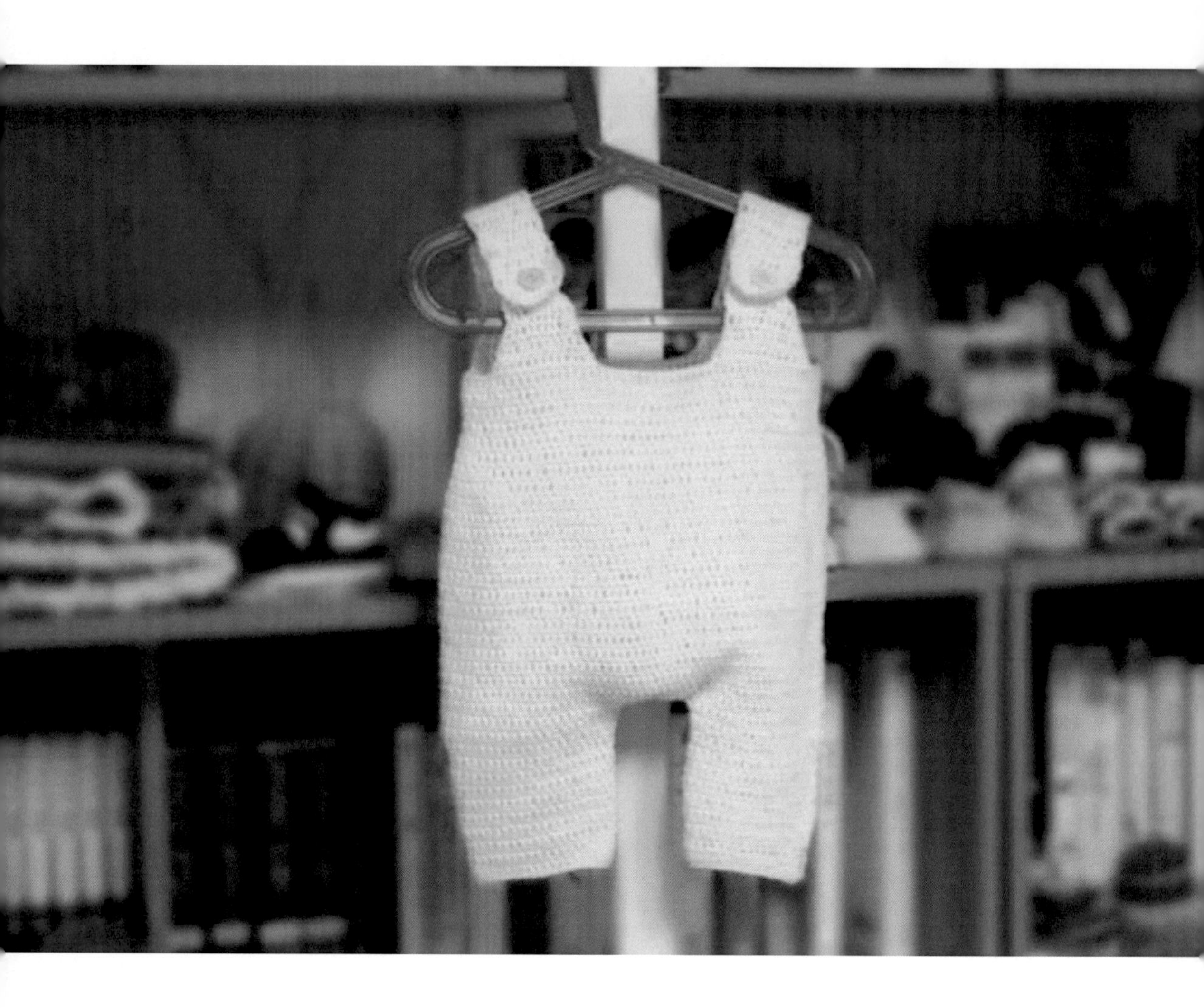

check list

✓ 헤라코튼 연노란색 3볼 / 6호, 단추
✓ 1세 사이즈 (배둘레 54cm)
✓ 뜨는 순서 : 다리 » 몸통 » 어깨끈 » 단추
✓ 늘리는 법 : 원하는 만큼 기초코와 단수 추가
✓ 늘리기 : ⩛, 모으기 : ⩚

how to make

✓ 사슬 40개로 시작 (원형뜨기)
1-3단 : 한길 40
4단 : 한길, 늘리기, 한길 16, 늘리기, 한길 2, 늘리기, 한길 16, 늘리기, 한길 (총 44코)
5-9단 : 한길 44
10단 : 한길, 늘리기, 한길 18, 늘리기, 한길 2, 늘리기, 한길 18, 늘리기, 한길 (총 48코)
실 끊고, 1-10단까지 하나 더 만들기
11단 : 한길 24, 사슬 8(가랑이), 만들어 두었던 다리 한쪽 위에 한길 48,
방금 뜬 사슬 위에 짧 8(가랑이), 한길 24 (총 112코)
12단 : 한길 23, 늘리기, (한길 2, 늘리기, 한길 2, 늘리기, 한길 2 : 가랑이),
늘리기, 한길 46, 늘리기, (한길 2, 늘리기, 한길 2, 늘리기, 한길 2 : 가랑이),
늘리기, 한길 23 (총 120코)
13-26단 : 한길 120
27단 : 한길 10, 모으기, 한길 34, 모으기, 한길 10, 모으기, 한길 10, 모으기,
한길 34, 모으기, 한길 10, 모으기 (총 114코)
28단 : 한길 10, 모으기, 한길 31, 모으기, 한길 10, 모으기, 한길 10, 모으기,
한길 31, 모으기, 한길 10, 모으기 (총 108코)
29-30단 : 양 측면에서 모으기 1개씩 하고 나머지는 한길 쭉 (30단에서 총 104코)
31-35단 : 한길 104

✓ 앞판 오른쪽 어깨끈 (35단 위에서 오른쪽 적당한 위치에, 왼쪽 어깨끈 대칭으로 뜨기)
1단 : 모으기, 한길 10, 모으기 (총 12코)
2단 : 한길 10, 모으기 (총 11코), 3단 : 모으기, 한길 9 (총 10코)
4-6단 : 한길 10, 앞판 왼쪽 어깨끈 대칭으로 뜨기
✓ 뒤판 어깨끈 앞판과 대칭으로 뜨되 4-6단의 형식을 12단까지 뜬 후
13단 : 모으기, 한길 6, 모으기
14단 : 한길3개모으기, 한길 2, 한길3개모으기)
✓ 단추 달기

서머 원피스

check list

✓ 하이소프트 라이트피치색 1볼, 바이올렛색 2-3볼 / 6호
✓ 1세 사이즈 (배둘레 52cm)
✓ 뜨는 순서 : 상의 » 하의 » 어깨끈
✓ 늘리는 법 : 상의 - 한 무늬 9코 (기초코 = 99 + 9의 배수)
하의 - 상의 한 무늬 늘어날 때 치마 1단 두 번째 괄호 추가 반복
✓ 늘리기 :  , V무늬 :

how to make

✓ 사슬 99개로 시작 (원형뜨기)
1단 : 한길 99
2단 : 앞걸, 한길 2 반복
3단 : 한길, 뒤걸 2 반복
4단 : 앞걸, 한길 2 반복
5-8단 : 3-4단 반복
9단 : (사슬 3, 1코 건너 빼) * 반복

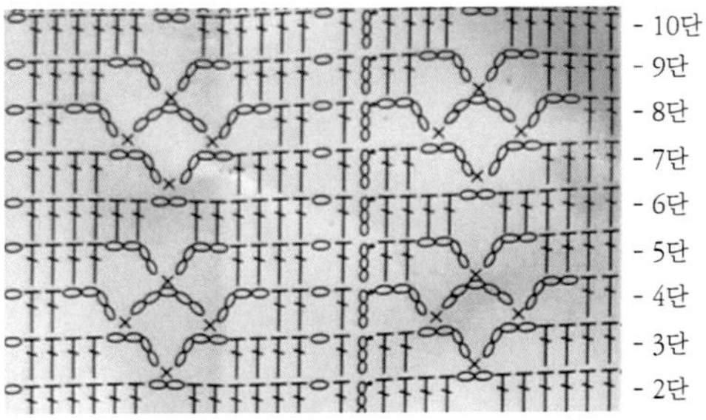

✓ 치맛단 (상의 1단 아래에 실 연결)
1단 : (한길 2, 늘리기, 한길, 늘리기, 한길, 늘리기, 한길 2) * 10,
(늘리기 2, 한길, 늘리기, 한길, 늘리기, 한길, 늘리기 2) * 1 (총 135코)
2-14단 : 우측 그림 반복해서 뜨기 (11-14단 : 3-6단)
15단 : (V무늬, 1코 건너) * 반복
16단 : (V무늬의 사슬 공간마다 짧, 사슬 3 짧은뜨기 옆면에 한길 2) * 반복

✓ 끈 : 사슬 2개로 시작
1-20단 : 한길 2
4개 만들어서 앞, 뒤 적당한 위치에 고정

tip

✓ 자매품 서머햇은 자작이 아니라서 수록하지 않았어요.
네이버 카페 〈그웬컴퍼니〉의 출처안내를 참고하세요!

레이스 니트 점프수트

레이스 니트 보닛

check list (jumpsuit)

✓ 소프티 인디핑크 3-4볼 / 7호, 레이스 공단, 단추
✓ 60 사이즈 (배둘레 42cm)
✓ 뜨는 순서 : 앞판 » 뒤판 » 앞/뒤판 잇기 » 단추 » 레이스 달기
✓ 늘리기 법 : 원하는 만큼 기초코와 단수 추가
✓ 늘리기 : ⩛ , 모으기 : ⩚

how to make (jumpsuit)

✓ 앞판 : 사슬 15개로 시작 (뒤집어가며 뜨기)
1단 : 늘리기, 한길 13, 늘리기 (총 17코)
2단 : 늘리기, 한길 15, 늘리기 (총 19코)
3-11단 : 늘리기, 한길 17 (매단 +2), 늘리기 (11단에서 총 37코)
12-25단 : 한길 37
26-30단 : 모으기, 한길 33 (매단 -2), 모으기 (30단에서 총 27코)

✓ 뒤판 : 사슬 15개로 시작 (뒤집어가며 뜨기)
1단 : 한길3개늘리기, 한길 13, 한길3개늘리기 (총 19코)
2단 : 한길3개늘리기, 한길 17, 한길3개늘리기 (총 23코)
3-5단 : 늘리기, 한길 21 (매단 +2), 늘리기 (5단에서 총 29코)
6-13단 : 늘리기, 한길 28 (매단 +1) (13단에서 총 37코)
14-25단 : 한길 37
26-30단 : 모으기, 한길 33 (단마다 -2코), 모으기 (30단에서 총 27코)

✓ 어깨끈 : 뒤판 30단 양 끝으로부터 4코씩 남겨두고 뜨기
1-11단 : 한길 5, 12단 : 한길 2, 사슬, 한길 2, 13단 : 한길, 한길3개모으기, 한길
✓ 앞/뒤판 13단부터 25단까지 옆선 잇기
✓ 테두리 : 수트 아래 둘레와 윗둘레 짧은뜨기
✓ 앞판 1단에 단추 달기 (단추 구멍은 뒤판 1단 한길긴뜨기 사이 이용)
✓ 앞판 30단에 단추 구멍 위치에 맞추어 단추 달기
✓ 레이스 달기 : 앞판 뒤판 양쪽 각각 기워 달기, 앞판 가슴에 리본 묶어 달기

tip

✓ 레이스 공단 대신 직접 프릴을 떠도 예뻐요!

check list (bonnet)

✓ 소프티 인디핑크 1볼 / 7호, 레이스 공단
✓ 뜨는 순서 : 직사각형 편물 » 반으로 접어 한쪽 측면만 잇기 » 끈 끼우기 » 레이스 달기
✓ 늘리는 법 : 원하는 만큼 기초코와 단수 추가
(기초코 길이 = 머리 세로 둘레, 단수 길이 = 머리 가로 둘레)

how to make (bonnet)

✓ 사슬 60개로 시작 (뒤집어가며 뜨기)
1-15단 : 한길 60

✓ 편물을 반으로 접어서 아래 부분을 연결하기 (연결한 부분이 머리 뒤쪽)
✓ 끈 : 사슬 130개로 시작
1단 : 빼 130
✓ 끈 위치 : 목둘레 가장 아래 부분에 (각 단 끝코) 2단마다 지그재그로 끈 끼우기
✓ 얼굴 둘레 안쪽에 레이스 달기

tip

✓ 점프수트와 마찬가지로 레이스 공단 대신 직접 프릴을 떠도 예뻐요!

벙거지 모자

check list

✓ 소프티 노란색 1볼 / 7호
✓ 2-3세 사이즈 (머리 둘레 47cm)
✓ 늘리기 :

how to make

✓ 매직링으로 시작
1단 : 한길 10
2단 : 늘리기 10
3단 : (한길, 늘리기) * 10
4단 : (한길 2, 늘리기) * 10
5단 : (한길 3, 늘리기) * 10
6단 : (한길 4, 늘리기) * 10
7단 : (한길 5, 늘리기) * 10
8-15단 : 한길 70
16단 : (한길 6, 늘리기) * 10
17단 : (한길 7, 늘리기) * 10
18단 : (한길 8, 늘리기) * 10
19단 : (사슬 3, 1코 건너 빼) * 반복

브라운 조끼

check list

✓ 소프티 진베이지색 2볼 / 8호, 단추
✓ 1-2세 사이즈 (배둘레 54cm)
✓ 뜨는 순서 : 허리둘레 » 앞판 » 뒤판 » 어깨 연결 » 테두리 » 단추
✓ 늘리는 법 : 기초코에 4의 배수로 늘려 앞판과 뒤판에 코를 똑같이 배분
✓ 늘리기 : ⩛, 모으기 : ⩚

how to make

✓ 앞판 : 사슬 89개로 시작 (뒤집어가며 뜨기)
1단 : 한길 89
2단 : 늘리기, 한길 87, 늘리기
3-8단 : 한길 91
9단 : (한쪽 앞판 먼저 뜸) 한길 26, 모으기
10단 : 한길 27
11단 : 한길 25, 모으기
12-17단 : 10-11단 형식 반복 (17단에서 총 23코)
18단 : (여기에서부터 어깨끈) 한길 7 (16코 남겨짐)
19단 : 한길 5, 모으기
20-21단 : 18-19단 형식 반복
22-23단 : 한길 5

✓ 나머지 앞판
9단 : (반대쪽 끝에서 13번째 코에서부터 시작) 모으기, 한길 11
10단 : 한길 12
11단 : 모으기, 한길 10
12-17단 : 10-11단 형식 반복 (17단에서 총 8코)
18단 : (여기에서부터 어깨끈) 빼뜨기로 1코 건너띄고 한길 7
19단 : 모으기, 한길 5
20-21단 : 18-19단 형식 반복
22-23단 : 한길 5

✓ 뒤판 : 8단 위에 남겨진 50코 중에서 양쪽 4코씩 비워두고 뜨기
9단 : 모으기, 한길 38, 모으기 (총 40코)
10단 : 한길 40
11-19단 : 9-10단 형식을 반복 (19단에서 총 30코)

20단 : (여기에서부터 어깨끈) 한길 6
21단 : 한길 4, 모으기
22-23단 : 한길 5

✓ 반대쪽 어깨 대칭으로 뜨기
✓ 앞판과 뒤판의 어깨 잇기
✓ 진동둘레 테두리 : 짧은뜨기
✓ 몸통 테두리 : 짧은뜨기로 뒤집어가며 뜨기 (아래 설명 참조)
1단 : 배 덮는 앞판이 없는 쪽 상단에서부터 아랫방향을 향해 하단 둘레를 지나
앞판이 있는 쪽 상단까지
2단 : 짧 2, 사슬 2, 2코 건너 짧 10, 사슬 2, 2코 건너 짧 10, 사슬 2,
2코 건너 나머지 짧 쭉
3단 : 1단처럼 뜨되 반대쪽 앞판 상단에서 멈추지 않고 목둘레와 어깨끈을 지나서
3단 시작지점까지

✓ 주머니 : 사슬 12로 시작 (뒤집어가며 뜨기)
1단 : (8호 바늘) 한길 13
2단 : 늘리기, 한길 11, 늘리기
3-4단 : 한길 15
5-7단 : (7호 바늘) 짧 15

✓ 주머니와 단추 달기

프릴 모자

check list

✓ 소프티 진베이지색 2볼 / 7호
✓ 2-3세 사이즈 (머리 둘레 47cm)
✓ 늘리기 : , V무늬 :

how to make

✓ 매직링으로 시작 (3-7단 그림 참조)
1단 : 한길 10
2단 : 늘리기 10
3단 : (한길, 늘리기) * 10
4단 : (한길 위에 늘리기, 늘리기 사이에 늘리기) * 10
5단 : 늘리기 사이에 V무늬 * 20
6단 : (V무늬 사슬에 V무늬, V무늬들 사이에 한길, V무늬 위에 V무늬) * 10
7단 : (V무늬 위에 V무늬, 한길 위에 V무늬, V무늬 위에 V무늬) * 10
8-15단 : V무늬 위에 V무늬 * 30
16단 : 짧은뜨기 90
17단 : 한길 2, (한길3개늘리기, 한길 4, 늘리기, 한길 4) * 반복, 한길3개늘리기, 한길 4, 늘리기, 한길 2
18-21단 : 한길 쭉 뜨되, 한길3개늘리기 가운데코 위에서만 한길3개늘리기, 늘리기 첫코에서 늘리기 (홀수단에서는 두 번째코에서 늘리기)

✓ 리본 : 사슬 40개로 시작 (원형뜨기)
1단 : 짧 40
2-8단 : 이랑뜨기로 짧 40
가운데에 줄 예쁘게 묶기

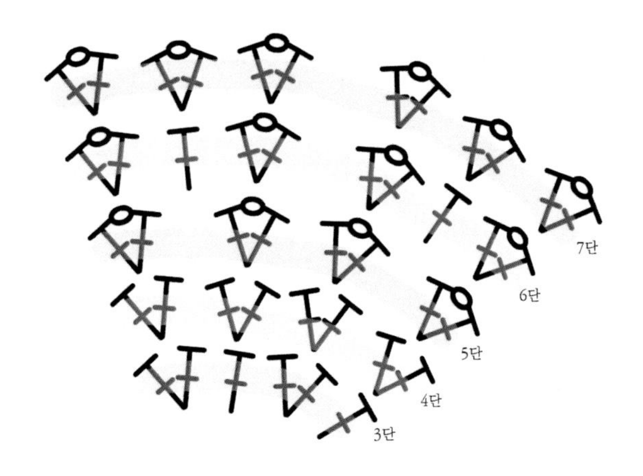

퍼플 조끼

check list

✓ 소프티 자주색 2볼 / 8호
✓ 1-2세 사이즈 (배둘레 56cm)
✓ 뜨는 순서 : 앞판(상단-치맛단) » 뒤판 » 어깨와 측면 연결 » 테두리
✓ 늘리는 법 : 기초코에 4의 배수로 늘려 앞판과 뒤판에 코를 똑같이 배분
✓ 늘리기 : , 모으기 :

how to make

✓ 사슬 44개로 시작 (뒤집어가며 뜨기)
1-4단 : 한길 44
5단 : 빼뜨기로 2코 건너 세번째 코에서부터 모으기, 한길36, 모으기 (두코 남겨짐)
6단 : 한길 38
7단 : 모으기, 한길 34, 모으기
8단 : 한길 36
9-12단 : 7-8단 방식 반복
13단 : (여기에서부터 한쪽 어깨) 모으기, 한길 9, 한길3개모으기
14단 : 모으기, 한길 9
15단 : 모으기, 한길 5, 한길3개모으기
16단 : 모으기, 한길 5
17단 : 모으기, 한길 2, 모으기
18-21단 : 한길 4

✓ 반대쪽 어깨 대칭으로 뜨기
✓ 치맛단 : 1단 아래에서부터 시작
1단 : 한길 1개씩 뜨되 늘리기 6개를 적당한 위치에 배분해서 뜨기
2-6단 : 한길 1개씩 뜨되 늘리기 6개를 적당한 위치에 배분해서 뜨기

✓ 여기까지 총 두 장 만들기
✓ 어깨와 측면(치맛단+몸통4단까지) 잇기
✓ 테두리 : 목둘레와 진동둘레 짧은뜨기
✓ 치맛단 테두리 : (짧 4, 피코빼뜨기) * 반복

베이직 조끼

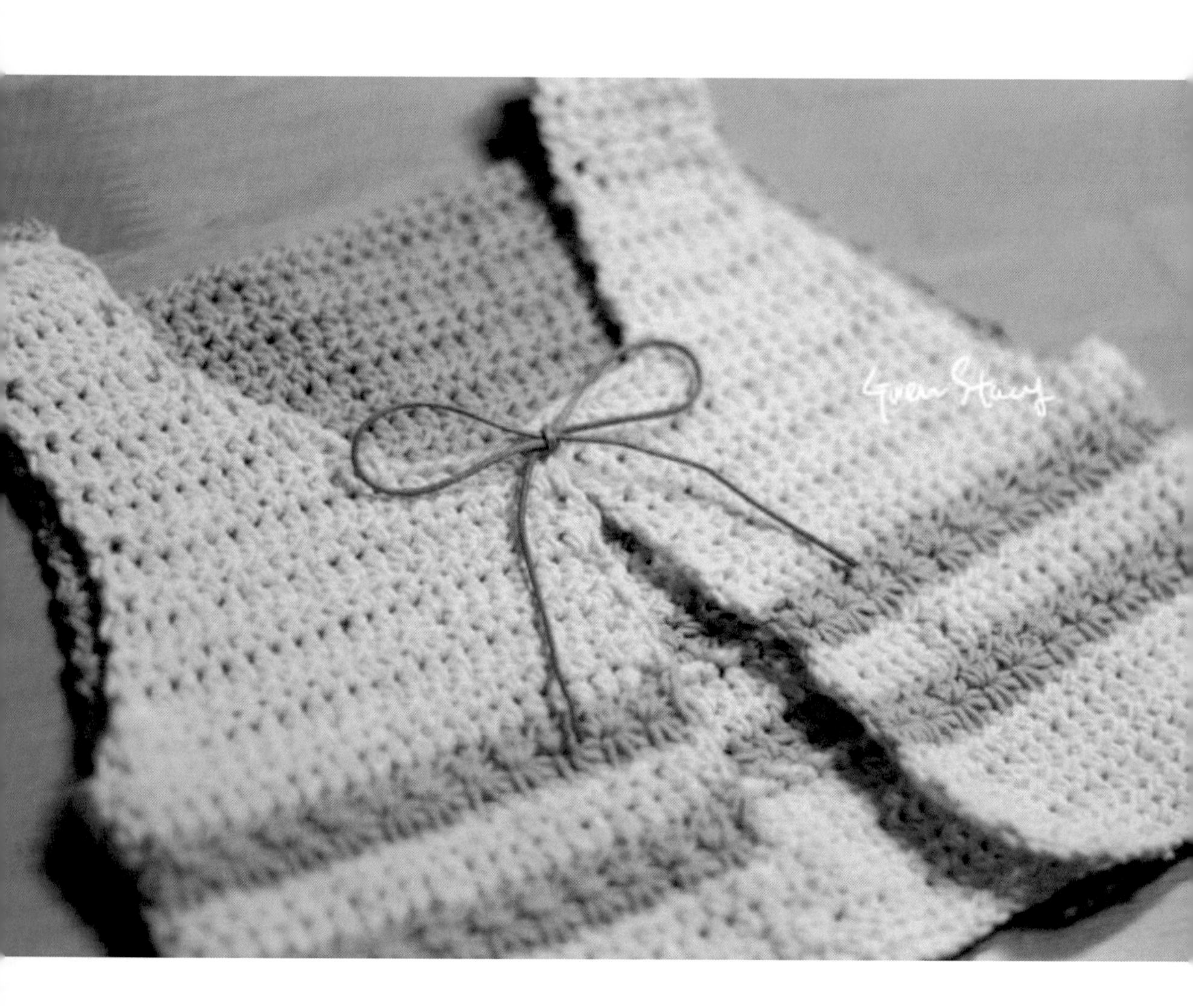

Gwen Stacy

check list

✓ 소프티 아이보리색 2볼, 연베이지색 2볼 / 6호, 가죽줄
✓ 1-2세 사이즈 (배둘레 56cm)
✓ 뜨는 순서 : 허리둘레 » 앞판 » 뒤판 » 어깨 연결
✓ 늘리는 법 : 기초코에 4의 배수로 늘려 앞판과 뒤판에 코를 똑같이 배분
✓ 늘리기 : V, 모으기 : Λ

how to make

✓ 사슬 94개로 시작 (뒤집어가며 뜨기)
1단 : (아이보리색) 긴뜨기 94 (총 94코)
2단 : 늘리기, 긴뜨기 92, 늘리기 (총 96코)
3단 : 늘리기, 긴뜨기 94, 늘리기 (총 98코)
4단 : 늘리기, 긴뜨기 96, 늘리기 (총 100코)
5-6단 : 긴뜨기 100
7-8단은 유튜브 김그웬 채널 스타스티치 뜨는 법 참조
7단 : (연베이지색) 스타스티치 무늬를 반복해서 뜨고 마지막코에 긴뜨기,
8단 : 긴뜨기, 스타스치티 가운데 구멍마다 긴뜨기 2개씩, 마지막코에 긴뜨기 (총 100코)
9-10단 : (아이보리색) 긴뜨기 100
11-12단 : (연베이지색) 7-8단 반복
13-14단 : (아이보리색) 긴뜨기 100
15단 : (여기에서부터 왼쪽 앞판) 긴뜨기 21, 모으기 (총 22코)
16단 : 긴뜨기 22
17-18단 : 긴뜨기 21
19-20단 : 긴뜨기 20
21단 : 긴뜨기 19
22단 : 긴뜨기 11, 모으기 (총 12코)
23단 : 긴뜨기 12
24-31단 : 22-23단 형식 반복 (31단에서 총 8코)

✓ 오른쪽 앞판 대칭으로 뜨기 : 14단 위 반대편 끝에서부터 23번째 코에서부터 시작

✓ 뒤판 : 앞판에서부터 3코 건너 네번째코에서 시작
15단 : 긴뜨기 46, 모으기 (총 47코)
16단 : 긴뜨기 46
17단 : 긴뜨기 45
18-25단 : 16-17단 형식 반복 (25단에서 총 37코)
26-29단 : 긴뜨기 37
30-33단 : (여기에서부터 어깨끈) 긴뜨기 8

✓ 반대쪽 어깨 대칭으로 뜨기
✓ 어깨선 잇기
✓ 앞판에 가죽줄 달기

복실 귀도리

check list

✓ 보들이 밤색 1볼 / 7호, 오마이베베 아이보리색 1볼 / 10호
✓ 총길이 : 50cm, 귀길이 : 12cm
✓ 늘리기 : ∀ , 모으기 : A

how to make

✓ 사슬 1개로 시작 (뒤집어가며 뜨기)
1단 : 사슬 1개에 한길 5
2단 : 한길3개늘리기, 한길 3, 한길3개늘리기
3단 : 늘리기, 한길 7, 늘리기
4단 : 늘리기, 한길 9, 늘리기
5단 : 늘리기, 한길 11, 늘리기
6-7단 : 한길 15
8단 : 모으기, 한길 11, 모으기
9단 : 모으기, 한길 9, 모으기
10단 : 모으기, 한길 7, 모으기
11단 : 모으기, 한길 5, 모으기
12-32단 : 한길 7
33단 : 늘리기, 한길 5, 늘리기
34단 : 늘리기, 한길 7, 늘리기
35단 : 늘리기, 한길 9, 늘리기
36단 : 늘리기, 한길 11, 늘리기
37-38단 : 한길 15
39단 : 모으기, 한길 11, 모으기
40단 : 모으기, 한길 9, 모으기
41단 : 모으기, 한길 7, 모으기
42단 : 한길3개모으기, 한길 3, 한길3개모으기
43단 : 한길5개모으기

✓ 테두리 : 짧은뜨기
✓ 속 편물 : 사슬 1개로 시작
1단 : 사슬 1개에 한길 3
2단 : 늘리기, 한길, 늘리기
3단 : 모으기, 한길, 모으기
4단 : 한길3개모으기
✓ 속 편물을 몸체에 기우기
✓ 끈 : 사슬 50개
1단 : 짧 50
✓ 폼폼 달기

tip

✓ 속을 겉면과 같은 실로 뜨고 싶을 경우, 〈1-11단〉과 〈33-43단〉 총 두 장을 떠서 몸체 테두리 두를 때 함께 이으세요!

멜빵 점프수트

check list

✓ 소프티 노란색 2-3볼 / 8호
✓ 1세 사이즈 (배둘레 50cm)
✓ 뜨는 순서 : 앞판 » 뒤판 » 양면 잇기 » 단추
✓ 늘리는 법 : 원하는 만큼 기초코와 단수 추가
✓ 늘리기 : , 모으기 :

how to make

✓ 사슬 20개로 시작 (뒤집어가며 뜨기)
1단 : 한길 20
2단 : 늘리기, 한길 18, 늘리기 (총 22코)
3단 : 늘리기, 한길 20, 늘리기 (총 24코)
4단 : 늘리기, 한길 22, 늘리기 (총 26코)
1-4단까지 하나 더 만들기
5단 : 한길 25, 마지막코와 만들어두었던 편물의 첫코 모으기, 한길 25 (총 51코)
6단 : 한길 24, 한길3개모으기, 한길 24 (총 49코)
7단 : 한길 49
8단 : 한길 23, 한길3개모으기, 한길 23 (총 47코)
9단 : 한길 47
10-25단 : 8-9단과 같은 방식 (2단마다 2코씩 감소)
26-30단 : (여기에서부터 어깨끈) 한길 6

✓ 반대쪽 어깨 대칭으로 뜨기
✓ 동일한 편물 하나 더 뜨되 두번째 만드는 편물의 한쪽 어깨는 2단 더 뜨기
✓ 두 편물의 측면과 가랑이 잇기, 어깨끈은 길이가 같은 한쪽만 잇기
✓ 길이를 길게 뜬 끈과 마주보는 끈 끝에 단추 달기
✓ 테두리 : 7호 바늘로 다리 구멍 짧은뜨기로 두르기

tip

✓ 필요에 따라 가랑이를 잇지 않고, 한길긴뜨기를 2단까지 떠서 단추를 달아 열고 닫을 수 있게 해도 좋아요!

리본 베스트

Gwen Stacy

check list

✓ 소프티 연하늘색 3볼 / 7호
✓ 1-2세 사이즈 (배둘레 60cm)
✓ 뜨는 순서 : 앞판 » 뒤판 » 앞/뒤판 어깨 잇기 » 테두리 » 허리끈
✓ 늘리는 법 : 원하는 만큼 기초코와 단수 추가 (코는 꽈배기 양 옆에 배분)
✓ 모으기 :
✓ 홀수단 꽈 : 앞걸 3, 짝수단 꽈 : 2코 건너 세번째코에 두길 뒤걸어뜨기,
건너뛴 두코에 차례대로 뒤걸어뜨기 2 (총 3코)

how to make

✓ 앞판 : 사슬 45개로 시작 (뒤집어가며 뜨기)
1단 : 한길 45
2단 : 한길 7, [꽈, 한길 6, 꽈, 한길 7, 꽈, 한길 6, 꽈] 한길 7
3단 : 한길 7, [꽈 3, 한길 6, 꽈 3, 한길 7, 꽈 3, 한길 6, 꽈 3], 한길 7
4-25단 : 2-3단 반복
26단 : 모으기, 한길 5, [대괄호 반복] 한길 5, 모으기 (총 43코)
27단 : 한길 6, [대괄호 반복] 한길 6
28단 : 모으기, 한길 4, [대괄호 반복] 한길 4, 모으기 (총 41코)
29단 : 한길 5, [대괄호 반복] 한길 5
30단 : 모으기, 한길 3, [대괄호 반복] 한길 3, 모으기 (총 39코)
31단 : 한길 4, [대괄호 반복] 한길 4
32단 : 모으기, 한길 2, [대괄호 반복] 한길 2, 모으기 (총 37코)
33단 : (여기에서부터 오른쪽 어깨) 한길 3, 꽈, 한길 4, 모으기
34단 : 모으기, 한길 3, 꽈, 한길 3
35단 : 한길 3, 꽈, 한길 2, 모으기
36-39단 : 한길 3, 꽈, 한길 3
✓ 반대쪽 어깨 대칭으로 뜨기
✓ 뒤판 : 사슬 45개로 시작
1단 : 한길 45
2-31단 : 앞판의 2-25단 반복
32-38단 : 앞판의 26-32단 반복
39-40단 : 한길 3, [대괄호 반복] 한길 3
41단 : (여기에서부터 어깨끈) 한길 3, 꽈, 한길 2, 모으기
42-45 : 한길 3, 꽈, 한길 3
✓ 반대쪽 어깨 대칭으로 뜨기

✓ 아랫단 : 앞판과 뒤판 아래에서
1단 : 한길 45
2단 : (뒤걸 2, 앞걸 2) * 반복, 뒤걸
3단 : 앞걸, (뒤걸 2, 앞걸 2) * 반복
4-5단 : 2-3단 반복

✓ 양면의 어깨선 잇기
✓ 테두리 : 목둘레와 양 옆선 짧은뜨기로 테두리 두르기
✓ 허리끈 : 적절한 위치에 앞/뒤판 양쪽으로 한길긴뜨기 3개씩 28단

프릴 원피스

check list

✓ 소프티 연분홍색 1볼, 진밤색 2-3볼 / 8호, 단추
✓ 1-2세 사이즈 (배둘레 56cm)
✓ 뜨는 순서 : 상단 목둘레 » 앞/뒤판 » 앞/뒤판 측면 잇기 » 테두리 » 프릴 » 단추
✓ 늘리는 법 : 원하는 만큼 기초코와 단수 추가 (늘린 코는 붉은색 위치에 적절히 분배)
1단 : 한길 3, 늘리기, [(한길 4, 늘리기) * 2, 한길 6, 늘리기] * 3
(한길 4, 늘리기) * 2, 한길 3
✓ 늘리기 :

how to make

✓ 사슬 68개로 시작 (평면뜨기이나 매단 뒤집지 말고 겉면만 바라보며 뜨기)
1단 : (진밤색) 한길 3, 늘리기, [(한길 4, 늘리기) * 2, 한길 6, 늘리기] * 3
(한길 4, 늘리기) * 2, 한길 3 (총 80코)
2-4단 : (짝수단 : 연분홍색, 홀수단 : 진밤색) 한코에 한개씩 뜨되 여섯 번째
늘리기(절반)까지는 늘리기 중 두번째 코 위에서 늘리기 하고, 다음 늘리기부터 열두번째
늘리기(나머지 절반)까지는 늘리기 중 첫번째 코 위에서 늘리기

✓ 뒤판 (겉면을 바라본 상태에서 왼쪽에서 16번째 코에서부터 시작, 15코 남은 방향으로)
5단 : (진밤색) 한길 8, 늘리기, 한길 7, (다음코는 4단 오른쪽 끝에서 시작) 한길 7,
늘리기, 한길 8 (총 34코, 5단을 뜨면서 4단 끝과 끝이 연결)
6-15단 : 한길 한개씩 뜨되 첫번째 늘리기의 첫번째 코,
두번째 늘리기의 두번째 코 위에서 늘리기 (매단 늘리기 2개, 15단에서 총 54코)
16단 : (연분홍) (앞걸 2, 뒤걸 2) * 반복
17단 : (뒤걸 2, 앞걸 2) * 반복
18단 : (진밤색) (앞걸 2, 뒤걸 2) * 반복
19단 : 한길 4, (늘리기, 한길 4) * 반복, 늘리기, 한길 4
20-24단 : 한길 한개씩 하되 늘리기 아래에 늘리기 한 개씩

✓ 앞판 : 뒤판과 대칭으로 뜨기 (뒤판으로부터 26코 띄우고 시작)
✓ 옆선 연결 : 15단부터 하단 마지막까지
✓ 테두리 : 진동둘레 짧은뜨기로 두르기
✓ 목둘레, 어깨, 치맛단 프릴 : 한코마다 한길3개늘리기
✓ 1단 끝에 단추 달아서 한길긴뜨기 사이를 이용해 잠그기

심플 귀도리

check list

✓ 이지세븐 회색 1볼 / 8호
✓ 총길이 : 53cm, 가로길이 : 11cm
✓ 짝수단의 짝수코 : 뒤걸
✓ 홀수단의 짝수코 : 앞걸

how to make

✓ 사슬 5개로 시작 (뒤집어가며 뜨기)
1단 : 한길3개늘리기, 한길 3, 한길3개늘리기
2단 : 한길3개늘리기, 한길 7, 한길3개늘리기
3단 : 한길 13
4단 : 한길3개늘리기, 한길 11, 한길3개늘리기
5-41단 : 한길 17
42단 : 한길3개모으기, 한길 11, 한길3개모으기
43단 : 한길 13
44단 : 한길3개모으기, 한길 7, 한길3개모으기
45단 : 한길3개모으기, 한길 3, 한길3개모으기

✓ 끈 : 양 끝에 한길 5개씩 31단

니트 원피스

check list

✓ 소프티 연보라색 1볼, 연핑크색 1볼 / 8호, 단추
✓ 1세 사이즈 (배둘레 40cm)
✓ 뜨는 순서 : 상의 앞뒤 » 하의 앞뒤 » 양면 잇기 » 단추
✓ 늘리는 법 : 한 무늬 4코 (기초코 = 44 + 4의 배수)
✓ 늘리기 : , 모으기 :

how to make

✓ 상의 : 사슬 44개로 시작 (치마를 뜨면서 허리가 잘록해지기 때문에 기초코 넉넉하게)
1-6단 : (연보라색) 한길 44
7단 : 4코 빼뜨기로 건너띄고 모으기, 한길 32, 모으기 (총 34코)
8단 : 모으기, 한길 30, 모으기 (총 32코)
9단 : 모으기, 한길 28, 모으기 (총 30코)
10단 : 한길 30
11-16단 : (여기에서부터 어깨끈) 한길 6

✓ 반대쪽 어깨도 대칭으로 뜨기
✓ 여기까지 총 두장을 뜨되 나머지 한 장의 한쪽 어깨끈은 두단 더 뜨기 (단추 여닫이)

✓ 치마 : 상의 아래에서 시작
1단 : (연분홍색) 한길 44
2-5단 : (앞걸 2, 뒤걸 2) * 반복,
6단 : 한길 44
7단 : (한길 8, 늘리기) * 4번 반복, 한길 8
8단 : 한길 48
9단 : (한길 9, 늘리기) * 4번 반복, 한길 8
10-20단 : 한길 52 (총 52코)
21단 : 짧, 한길 8, 짧, 한길 7, 짧, 한길 8, 짧, 한길 8, 짧, 한길 7, 짧, 한길 8 (총 52코)

✓ 나머지도 편물 똑같이 뜨기
✓ 두 편물의 측면과 한쪽 어깨끈 연결하기
✓ 연결하지 않은 앞판 어깨끈에 단추 달아서 뒤판 끈의 한길긴뜨기 사이로 잠그기
✓ 테두리 : 상의 짧은뜨기로 두르기
✓ 허리끈 : 스레드끈을 넉넉한 길이로 뜬 후 지그재그로 허리에 끼워 넣기

세로 줄무늬 조끼

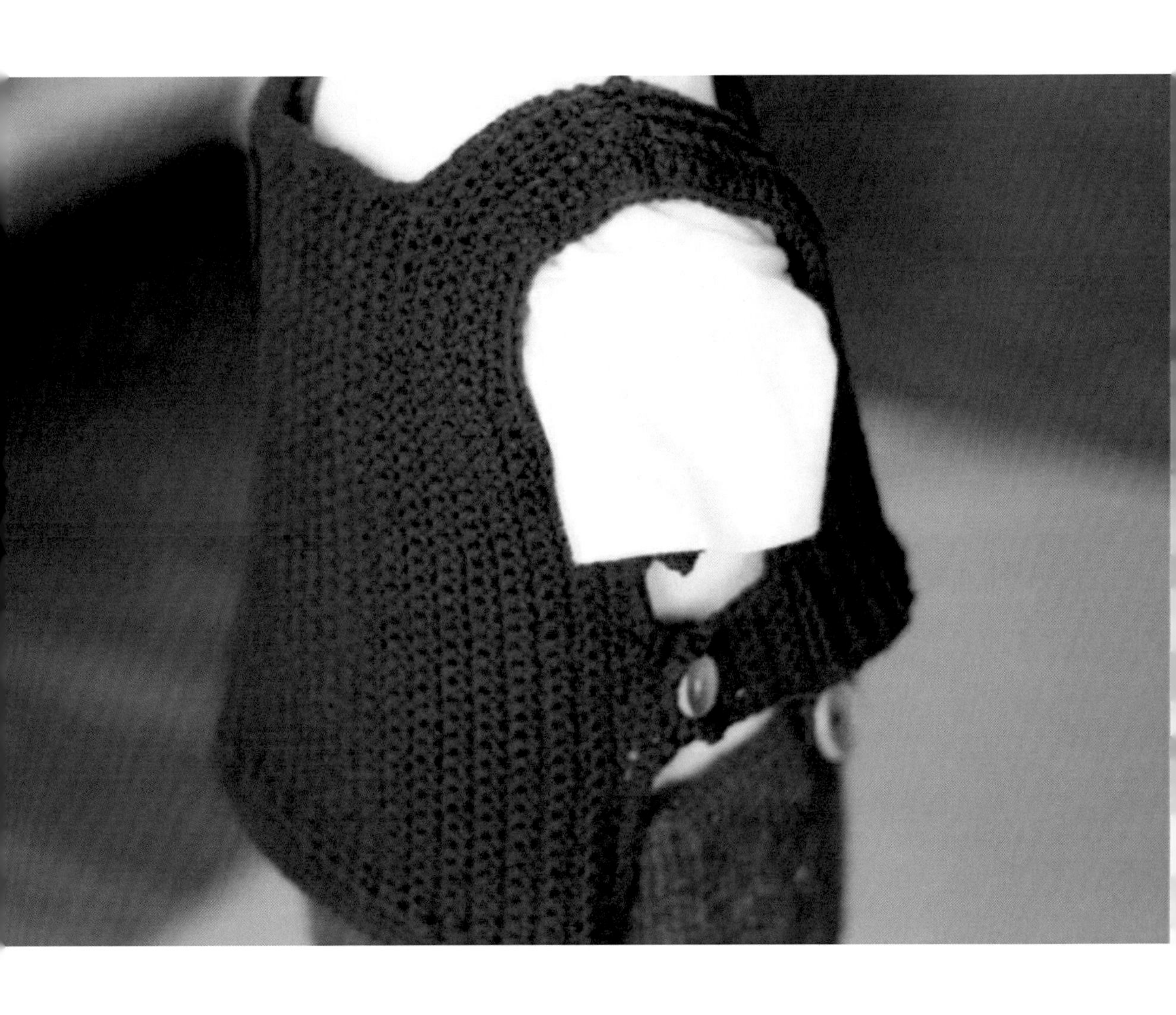

check list

✓ 소프티 진밤색 3볼 / 8호, 단추
✓ 1-2세 사이즈 (배둘레 56cm)
✓ 뜨는 순서 : 앞판(옆구리-어깨-앞가슴-어깨-옆구리) » 뒤판 » 양면 잇기
✓ 늘리는 법 : 원하는 만큼 기초코와 단수 추가
(기초코 : 겨드랑이 밑에서부터 허리까지의 길이, 단수는 반드시 짝수로 늘릴 것)
✓ 홀수단은 이랑뜨기
✓ 도안은 조끼 앞/뒤판의 길이가 동일 (샘플 사진에서 뒤판 길이)

how to make

✓ 앞판 1-1 : 사슬 30개로 시작 (뒤집어가며 뜨기)
1-4단 : 짧 30, 4단을 뜬 후 바로 사슬 24 (어깨 끈 길이)
5-12단 : 짧 54, 실 끊기
13단 : (10코 건너 11번째 코부터 시작) 짧 44 (목 아래 앞 가슴 부분)
14-22단 : 짧 44
23단 : 짧 2, 사슬 2, 2코 건너 짧 40 (사슬 부분 : 단추구멍)
24단 : 짧 44, 실 끊기

✓ 앞판 1-2 : 사슬 10개로 시작 (뒤집어가며 뜨기)
1단 : 짧 10
아까 떠 두었던 앞판 11번째 코에서부터
25단 : 짧 34 (뜨지 않은 10코는 트임)
26-36 : 짧 44, 36단을 뜬 후 바로 사슬 10 (어깨 끈 길이)
37-44단 : 짧 54, 실 끊기
45단 : (24코 건너 25번째 코부터 시작) 짧 30
46-48단 : 짧 30

✓ 뒤판 : 앞판과 동일하게 뜨되 14-36단은 아래와 같이 뜨기
14-36 : 짧 44

✓ 어깨선 연결

✓ 허리 끈
겉면을 바라봤을 때 좌측 허리끈은 원하는 위치에 실을 바로 연결해서 뜨기 시작
겉면을 바라봤을 때 우측 허리끈은 따로 뜬 후 돗바늘로 연결

- 좌측
1-6단 : 짧 6
7단 : 짧 2, 사슬 2, 2코 건너 짧 2
8단 : 짧 6
- 우측 (사슬 6개로 시작)
1단 : 짧 6
2단 : 짧 2, 사슬 2, 2코 건너 짧 2
3-8단 ; 짧 6

✓ 테두리 (한 치수 작은 바늘 사용)
- 앞/뒤판 아랫단 : 짧은뜨기 두단
- 전체 : 짧은뜨기
 1. 트임있는 쪽 위에서부터 시작해 한바퀴 돌아 트임 위에서 끝내기
 2. 뒷판 우측 허리 끝에서부터 시작해 끈-테두리-진동둘레-앞판-옆구리 순서대로 쭉쭉쭉쭉

✓ 단추 달기

tip

✓ 언발란스로 뜨고 싶은 경우 앞판 혹은 뒤판의 기초코를 조정하세요!

볼레로 가디건

check list

✓ 하모니 아이보리색 2볼 / 6호
✓ 1세 사이즈 (배둘레 46cm)
✓ 뜨는 순서 : 목둘레 » 몸통 » 팔 » 테두리
✓ 늘리는 법 : 한 무늬 16코 (기초코 = 107 + 16의 배수), 길이는 단수 추가
✓ 16코 늘리는 위치 : 1단 - 한길 13(+2), V무늬, 한길 25(+4), V무늬, 한길 27(+4),
V무늬, 한길 25(+4), V무늬, 한길 13(+2)
✓ 1-18단 : V무늬 :  , 20-마지막단 V무늬 :

how to make

✓ 사슬 107개로 시작 (뒤집어가며 뜨기)
1단 : 한길 13, V무늬, 한길 25, V무늬, 한길 27, V무늬, 한길 25, V무늬, 한길 13
2단 : 한길 5, (사슬, 1코 건너 한길) * 4번, 사슬, V무늬 사슬 공간에 V무늬,
(사슬, 1코 건너 한길) * 13번, 사슬, V무늬 사슬 공간에 V무늬,
(사슬, 1코 건너 한길) * 14번, 사슬, V무늬 사슬 공간에 V무늬,
(사슬, 1코 건너 한길) * 13번, 사슬, V무늬 사슬 공간에 V무늬,
(사슬, 1코 건너 한길) * 4번, 사슬, 1코 건너 한길 5
3단 : 한길 15, V무늬, 한길 29, V무늬, 한길 31, V무늬, 한길 29, V무늬, 한길 15
4-18단 : 2-3단 형식을 반복 (매단 8코 늘어남)
(홀수단 콧수 : 홀수, V무늬, 홀수, V무늬, 홀수, V무늬, 홀수, V무늬, 홀수)
19단 : 한길 32 (첫번째 V무늬 공간까지),
첫번째 V무늬 공간과 두번째 V무늬 공간을 합쳐서 한길,
(두번째 V무늬 공간에서부터 시작) 한길 65 (세번째 V무늬 공간까지),
세번째 V무늬 공간과 네번째 V무늬 공간을 합쳐서 한길,
(네번째 V무늬 공간에서부터 시작) 한길 32
20단 : 한길 5, (사슬, 1코 건너 한길) * 13번, 사슬, 1코 건너 V무늬,
(사슬, 1코 건너 한길) * 32번, 사슬, 1코 건너 V무늬,
(사슬, 1코 건너 한길) * 13번, 사슬, 1코 건너 한길 5
21단 : 한길 쭉 (총 133코)
22단 : 한길 5, (사슬, 1코 건너 한길) * 무한반복, 끝 부분에서 사슬, 한길 5
23단 : 한길 33, 한길3개늘리기, 한길 67, 한길3개늘리기, 한길 33 (총 139코)
24단 : 한길 5, (사슬, 1코 건너 한길) * 반복, 끝 부분에서 사슬, 한길 5
25단 : 한길 쭉

26단 : 한길 5, (사슬, 1코 건너 한길) * 14번, 사슬, 1코 건너 V무늬,
(사슬, 1코 건너 한길) * 34번, 사슬, 1코 건너 V무늬,
(사슬, 1코 건너 한길) * 14번, 사슬, 1코 건너 한길 5
27단 : 한길 쭉 (총 143코)

✓ 단수를 늘이고 싶다면 20-25단 형식 반복
(20단과 23단 26단에 위치한 V무늬와 늘리기는 겨드랑이 밑에 나란히 위치)
✓ 팔 : 한코에 하나씩 한길긴뜨기 1단
✓ 테두리 : 전체 둘레, 팔둘레 (한길7개늘리기, 1코 건너 빼뜨기, 1코 건너) * 반복

tip

✓ 짝수단이 홀수단보다 폭이 좁아질 경우 짝수단은 한치수 큰 바늘을 사용하세요!

꽈배기 니트

check list

✓ 소프티 회색 4볼 / 8호, 단추
✓ 1-2세 사이즈 (배둘레 52cm)
✓ 뜨는 순서 : 목둘레 » 몸통 » 팔 » 테두리 » 단추
✓ 늘리는 법 : 한 무늬 8코 (기초코 = 68 + 8의 배수), 길이는 단수 추가
✓ 8코 늘리는 위치 : 1단 - 한길 8(+1), V무늬, 한길 16(+2), V무늬, 한길 16(+2), V무늬,
한길 16(+2), V무늬, 한길 8(+1)
✓ V무늬 : , 늘리기 :
✓ 꽈배기 : 2코 건너 세번째, 네번째 코에 뒤걸 2, 건너뛴 첫번째, 두번째 코에 뒤걸 2

how to make

✓ 사슬 68개로 시작 (뒤집어가며 뜨기)
1단 : 한길 8, V무늬, 한길 16, V무늬, 한길 16, V무늬, 한길 16, V무늬, 한길 8
2단 : 한길 9, V무늬, 한길 18, V무늬, 한길 18, V무늬, 한길 18, V무늬, 한길 9
3-11단 : 1-2단과 같은 방식으로 뜨기 (11단에서 총 156코)
12단 : 한길 19, V무늬 사슬 공간에서 한길,
첫번째 V무늬 사슬 공간과 두번째 V무늬 사슬 공간을 겹쳐서 한길,
두번째 사슬 공간에서 한길, 한길 38, 세번째 V무늬 사슬 공간에서 한길,
세번째 V무늬 사슬 공간과 네번째 V무늬 사슬 공간을 겹쳐서 한길,
네번째 사슬 공간에서 한길, 한길 19 (총 82코)
13단 : (한길 4, 앞걸 4, 한길, 늘리기, 앞걸 2, 한길, 늘리기, 앞걸 4, 한길 2,
한길3개늘리기, 한길 2, 앞걸 4, 늘리기, 한길, 앞걸 2, 늘리기, 한길, 앞걸 4,
한길 4) * 2
14단 : (한길 4, 꽈배기, 늘리기, 한길 2, 뒤걸 2, 늘리기, 한길 2, 꽈배기, 한길 3,
한길3개늘리기, 한길 3, 꽈배기, 한길 2, 늘리기, 뒤걸 2, 한길 2, 늘리기, 꽈배기,
한길 4) * 2
15단 : (한길 4, 앞걸 4, 한길 4, 앞걸 2, 한길 4, 앞걸 4, 한길 9, 앞걸 4, 한길 4,
앞걸 2, 한길 4, 앞걸 4, 한길 4) * 2
16단 : (한길 4, 뒤걸 4, 한길 4, 뒤걸 2, 한길 4, 뒤걸 4, 한길 9, 뒤걸 4, 한길 4,
뒤걸 2, 한길 4, 뒤걸 4, 한길 4) * 2
17단 : (한길 4, 앞걸 4, 한길 4, 앞걸 2, 한길 4, 앞걸 4, 한길 9, 앞걸 4, 한길 4,
앞걸 2, 한길 4, 앞걸 4, 한길 4) * 2
18단 : (한길 4, 꽈배기, 한길 4, 뒤걸 2, 한길 4, 꽈배기, 한길 9, 꽈배기, 한길 4,
뒤걸 2, 한길 4, 꽈배기, 한길 4) * 2
19-29단 : 15-18단 반복, 29단은 17단과 같음

30-31단 : 짧은뜨기 한코에 하나씩

✓ 팔 (12단에서 겹쳐떴던 V무늬의 한길긴뜨기 위에서부터 시작, 뒤집어가며 뜨기)
1단 : 한길 38
2단 : 한길 7, 앞걸 2, 한길 3, 앞걸 4, 한길 6, 앞걸 4, 한길 3, 앞걸 2, 한길 7
3단 : 한길 7, 뒤걸 2, 한길 3, 뒤걸 4, 한길 6, 뒤걸 4, 한길 3, 뒤걸 2, 한길 7
4단 : 한길 7, 앞걸 2, 한길 3, 앞걸 4, 한길 6, 앞걸 4, 한길 3, 앞걸 2, 한길 7
5단 : 한길 7, 뒤걸 2, 한길 3, 꽈배기, 한길 6, 꽈배기, 한길 3, 뒤걸 2, 한길 7
6-8단 : 2-4단 반복
9-10단 : 짧 쭉

✓ 팔 트임 잇기
✓ 목 테두리 : 짧은뜨기
1-2단 : 짧은뜨기
✓ 앞 테두리
1단 : 짧 쭉
2단 : 짧 2, (사슬 2, 2코 건너 짧 10) * 반복, 남는 코가 있다면 짧 쭉
3단 : 짧 쭉
나머지 앞쪽은 1-3단 전부 짧은뜨기로만 쭉 뜨기

✓ 단추 달기

✓ 꽃 : 사슬 21개로 시작
1단 : 한길5개늘리기, (1코 건너 한길5개늘리기) * 반복
2단 : (사슬 3, 첫코에 한길, 늘리기 3, 한길, 사슬 3, 다섯번째코에 빼) * 반복
돌돌말아 예쁘게 고정

후드 니트

check list

✓ 소프티 아이보리색 4볼, 진밤색 1볼, 인디핑크 1볼 / 8호, 단추
✓ 1-2세 사이즈 (배둘레 52cm)
✓ 뜨는 순서 : 목둘레 » 몸통 » 팔 » 테두리 » 단추
✓ 늘리는 법 : 한 무늬 8코 (기초코 = 68 + 8의 배수), 길이는 단수 추가
✓ 8코 늘리는 위치 : 1단 - 한길 8(+1), V무늬, 한길 16(+2), V무늬, 한길 16(+2), V무늬,
한길 16(+2), V무늬, 한길 8(+1)
✓ V무늬 :

how to make

✓ 사슬 68개로 시작 (뒤집어가며 뜨기)
1단 : (바탕색) 한길 8, V무늬, 한길 16, V무늬, 한길 16, V무늬, 한길 16, V무늬, 한길 8
2단 : 한길 9, V무늬, 한길 18, V무늬, 한길 18, V무늬, 한길 18, V무늬, 한길 9
3-12단 : 1-2단과 같은 방식으로 뜨기 (12단에서 총 164코)
13단 : (한길 7, 한길3개늘리기) * 2번, 한길 4,
첫번째 V무늬 사슬 공간과 두번째 V무늬 사슬 공간을 겹쳐서 한길,
한길 4, 한길3개늘리기, (한길 7, 한길3개늘리기) * 4번, 한길 3,
세번째 V무늬 사슬 공간과 네번째 V무늬 사슬 공간을 겹쳐서 한길,
한길 4, 한길3개늘리기, 한길 7, 한길3개늘리기, 한길 7
14-15단 : 한길 1개씩 뜨되 앞단에서 떴던 한길3개늘리기 중
가운데 코 위에서만 한길3개늘리기
16-20단 : 한길 쭉
21-24단 : (인디핑크색) 한길 쭉
25-26단 : (진밤색) 한길 쭉
27단 : 짧 쭉

✓ 팔 (12단에서 겹쳐떴던 V무늬 한길긴뜨기 위에서부터 시작, 뒤집어가며 뜨기)
1-4단 : 한길 1개씩
5-7단 : (인디핑크색) 한길 쭉
8단 : (진밤색) 한길 쭉
9단 : 짧 쭉

✓ 팔 트임 잇기

✓ 모자 : 몸통 1단 위에서 뒤집어가며 뜨기
1-22단 : 한길 쭉
반으로 접어서 윗면 잇기

✓ 테두리 : 소매와 아랫단을 제외하고 앞판(몸통-모자-몸통)에만 짧은뜨기 쭉

✓ 단추 달기 : 반대편 한길긴뜨기 사이를 이용해 잠그기

✓ 리본 (사슬 20개로 시작, 6호로 뒤집어가며 뜨기)
1-10단 : (인디핑크색) 짧 20
테두리 : (아이보리색) 짧은뜨기
모양 예쁘게 잡은 후 가운데에 실 감아 허리 뒷쪽에 달기

✓ 귀 (매직링으로 시작, 6호로 뒤집어가며 뜨기)
1단 : (인디핑크색) 짧 4
2단 : 짧2개늘리기 4
3단 : (짧2개늘리기, 짧) * 4
4단 : (짧2개늘리기, 짧 2) * 4
5단 : (짧2개늘리기, 짧 3) * 4
6단 : (아이보리색) 짧 쭉
총 두개 만들어서 모자 위 적당한 위치에 연결하기

모티브 니트

check list

✓ 소프티 아이보리색, 연하늘색, 겨자색, 자주색 / 8호, 단추
✓ 80 사이즈 (배둘레 50cm)
✓ 뜨는 순서 : 모티브 » 상단 » 하단 » 단추
✓ 늘리는 법 : 모티브 추가 - 힌길 개수 추가
✓ 꽈배기 : 2코 건너 뒤걸 2, 건너 뛴 두코에 뒤걸 2
✓ 복합뜨기1 : 한길2+짧 모아뜨기, 복합뜨기2 : 짧+한길2 모아뜨기

how to make

✓ 모티브 10장 만들기 (원형뜨기)
1단 : 한길 12
2단 : (한길3개모으기, 사슬 2) * 반복
3단 : 사슬 2 공간마다 한길 3, 4개의 모서리에서는 한길 3, 사슬 3, 한길 3
✓ 모티브 잇기 : 몸통 - 모티브 6장 원통으로 잇기, 팔 - 모티브 2장 각각 원통으로 잇기
(주의 : 이을 땐 코의 뒷줄만 잇기)
✓ 모티브 상단 (원형뜨기, 몸통과 팔을 1단에서 이으면서 뜨기)
1단 : 사진 참조
2단 : 사진 참조, 실 끊기
3단 : (시작 위치 : 사진 참조) 한길긴뜨기 쭉, 모서리에서만 한길3개모으기
3단을 뜬 후 빼뜨기 하지 않지 않고 지금부터 뒤집어가며 뜨기
4단 : 한길 13, 한길3개모으기, 한길 14, 한길3개모으기, 한길 3, 꽈배기, 한길 4, 꽈배기,
한길 4, 꽈배기, 한길 3, 한길3개모으기, 한길 14, 한길3개모으기, 한길 13
5단 : 한길긴뜨기 쭉, 모서리에서만 한길3개모으기 (꽈배기 위에서는 앞걸4개씩)
6단 : 한길 11, 한길3개모으기, 한길 10, 한길3개모으기, 한길, 꽈배기, 한길 4, 꽈배기,
한길 4, 꽈배기, 한길, 한길3개모으기, 한길 10, 한길3개모으기, 한길 11
7단 : 한길 10, 한길3개모으기, 한길 8, 복합뜨기1,
짧은뜨기로 앞걸 4, 짧 4, 앞걸 4, 짧 4, 짧은뜨기로 앞걸 4, 복합뜨기2, 한길 8,
한길3개모으기, 한길 10,
8단 : 한길 9, 복합뜨기1, 짧 38, 복합뜨기2, 한길 9

✓ 모티브 하위 (원형뜨기)
1-7단 : 공간마다 한길긴뜨기3개씩

✓ 단추 덧단 (뒤판 트임 한쪽에 7호 바늘로 뒤집어가며 뜨기)
1단 : 짧 12
2단 : 짧 2, 사슬 3, 3코 건너 짧 2, 사슬 3, 3코 건너, 짧 2
3단 : 짧 12

✓ 단추 달기

구찌 가디건

check list

✓ 소프티 아이보리 2볼, 빨간색 1볼, 검정색 1볼 / 8호
✓ 1-2세 사이즈 (배둘레 54cm)
✓ 뜨는 순서 : 목둘레 » 몸통 » 팔 » 테두리
✓ 늘리는 법 : 한 무늬 4코 (기초코 = 44 + 4의 배수), 길이는 단수 추가
✓ 4코 늘리는 위치 : 1단 - 한길 2, V무늬, 한길 10(+1), V무늬, 한길 16(+2),
V무늬, 한길 10(+1), V무늬, 한길 2
✓ V무늬 : , 늘리기 :

how to make

✓ 사슬 44개로 시작 (뒤집어가며 뜨기)
1단 : 한길 2, V무늬, 한길 10, V무늬, 한길 16, V무늬, 한길 10, V무늬, 한길 2
2단 : 늘리기, 한길 2, V무늬, 한길 12, V무늬, 한길 18, V무늬, 한길 12, V무늬, 한길 2,
늘리기
3단 : 한길 5, V무늬, 한길 14, V무늬, 한길 20, V무늬, 한길 14, V무늬, 한길 5
4-9단 : 2-3단과 같은 형식으로 뜨기 (짝수단 : 10코 증가, 홀수단 : 8코 증가)
10단 : 한길 15, V무늬, 한길 28, V무늬, 한길 34, V무늬, 한길 28, V무늬, 한길 15
11-12단 : 10단과 같은 형식으로 뜨기 (매단 8코 증가)
13단 : 한길 쭉, 첫 번째 V무늬 공간에 한길,
첫번째 V무늬 공간과 두번째 V무늬의 사슬 공간을 겹쳐서 한길,
두번째 V무늬 공간에 한길, 한길 쭉, 세 번째 V무늬 공간에 한길,
세번째 V무늬 공간과 네번째 V무늬의 사슬 공간을 겹쳐서 한길,
네번째 V무늬 공간에 한길, 한길 쭉
14-25단 : 한길 쭉
26단 : (검정색) 짧 쭉
27단 : (빨간색) 긴 쭉
28단 : (검정색) 짧 쭉

✓ 팔 (뒤집어가면서 뜨기)
13-19단 : 한길 쭉
20-22단 : 몸통의 26-28단

✓ 팔 트임 잇기
✓ 테두리 : 몸통의 26-28단

아디다스 니트 1 세트

check list (top)

✓ 소프티 연하늘색 2볼, 아이보리색 1볼 / 8호, 단추
✓ 1-2세 사이즈 (배둘레 54cm)
✓ 뜨는 순서 : 목둘레 » 몸통 » 팔 » 테두리 » 단추
✓ 늘리는 법 : 한 무늬 8코 (기초코 = 58 + 8의 배수), 길이는 단수 추가
✓ 8코 늘리는 위치 : 1단 - 한길 8(+1), V무늬, 한길 11(+2), V무늬, 한길 16(+2), V무늬,
한길 11(+2), V무늬, 한길 8(+1)
✓ V무늬 :

how to make (top)

✓ 사슬 58개로 시작 (뒤집어가며 뜨기)
1단 : (연하늘) 한길 8, V무늬, 한길 11(4,6,8번째 코는 아이보리색), V무늬, 한길 16,
V무늬, 한길 11(4,6,8번째 코는 아이보리색), V무늬, 한길 8 (배색 매단 적용)
2단 : 한길 9, V무늬, 한길 13, V무늬, 한길 18, V무늬, 한길 13, V무늬, 한길 9
3-11단 : 1-2단과 같은 형식으로 뜨기 (매단 8코 증가)
12단 : 한길 한코씩 쭉 뜨다가 첫번째 V무늬 공간 안에 한길,
첫번째와 두번째 V무늬의 사슬 공간을 겹쳐서 한길,
두번째 V무늬 공간 안에 한길,
한길 위에 한길 한코씩 뜨다가 세번째 V무늬 공간 안에 한길,
세번째와 네번째 V무늬의 사슬 공간을 겹쳐서 한길,
네번째 V무늬 공간 안에 한길, 한길 쭉
13-22단 : 한길 쭉
23단 : (앞걸 2, 뒤걸 2) * 반복

✓ 팔 (뒤집어가며 뜨기)
12-18단 : 한길 쭉 (17단까지만 배색 유지)
19단 : (앞걸 2, 뒤걸 2) * 반복

✓ 목둘레 : 1단 위에 한길 1개씩 3단
✓ 앞판 테두리 : 양쪽 모두 짧은뜨기로 3단, 단, 한쪽 앞판은 2단에서 원하는 위치에
짧 2 대신 사슬 2로 대체하여 단추 구멍 만들기

check list (bottom)

✓ 소프티 연하늘색 2볼, 아이보리색 1볼 / 8호
✓ 1세 사이즈 (배둘레 44cm)
✓ 뜨는 순서 : 측면 » 앞/뒤판 » 측면과 앞/뒤판 연결 » 테두리
✓ 늘리는 법 : 한 무늬 4코 (기초코 = 34 + 4의 배수), 길이는 단수 추가
✓ 늘리기 :

how to make (bottom)

✓ 측면 (사슬 7개로 시작, 뒤집어가며 뜨기)
1-19단 : (연하늘색) 한길 7 (2, 4, 6번째 코는 아이보리색)
총 두장 만들기

✓ 앞/뒤판 (사슬 34개로 시작, 뒤집어가며 뜨기)
1단 : (연하늘색) 늘리기, 한길 32, 늘리기
2-14단 : 한길 36
15-19단 : (여기에서부터 다리) 한길 15
총 두장 만들기

✓ 측면 두장과 앞/뒤판 두장을 연결 (옆선, 가랑이)
✓ 다리 하단 테두리 : 19단 아래에서
20단 : (연하늘색) 한길 쭉
21단 : (앞걸 2, 뒤걸 2) * 반복

✓ 허리 테두리 : 1단 위에서
1단 : 한길 쭉
2-3단 : (앞걸 2, 뒤걸 2) * 반복

✓ 아디다스 마크 (사슬 13개로 시작)
짧 5, 짧3개모으기, 짧 5, 실 끊고, 짧3개모으기 위에서부터 시작
사슬 3, 뒤집어서 사슬 3위에 짧 3, 시작했던 짧3개모으기 지점에서 빼뜨기

tip

✓ 가랑이 부분에 한길 6개 1단을 추가로 뜬 후 연결하면 더 입체적이고 귀여워요!

아디다스 니트 2 세트

check list (top)

✓ 소프티 진초록색 2볼, 아이보리색 1볼 / 8호
✓ 1-2세 사이즈 (배둘레 54cm)
✓ 뜨는 순서 : 앞판 » 뒤판 » 팔 » 앞/뒤판 연결 » 테두리
✓ 늘리는 법 : 한 무늬 4코 (기초코 = 14(28) + 4의 배수), 길이는 단수 추가
✓ 4코 늘리는 위치 : 앞판 1단 - 한길 8(+1), V무늬, 한길 5(+1)
뒤판 1단 - 한길 5(+1), V무늬, 한길 16(+2), V무늬, 한길 5(+1)
✓ V무늬 :

how to make (top)

✓ 앞판 : 사슬 14개로 시작 (뒤집어가며 뜨기)
1단 : (진초록색) 한길 8, V무늬, 한길 5
2단 : 한길 6, V무늬, 한길 9
실 끊고 다시 사슬 14개로 시작
1단 : 한길 5, V무늬, 한길 8
2단 : 한길 9, V무늬, 한길 6
3단 : 한길 7, V무늬, 한길 10, 만들어 두었던 편물 위에 한길 10, V무늬, 한길 7
4-11단 : 3단과 같은 방식으로 뜨고 실 끊기
(9단과 10단의 팔은 진초록색, 몸통은 아이보리색, 11단은 모두 아이보리색)
12-22단 : 첫번째 V무늬 공간에서부터 두번째 V무늬의 사슬 공간까지 한길 쭉
23단 : (앞걸 2, 뒤걸 2) * 반복

✓ 뒤판 : 사슬 28개로 시작 (앞판 모양처럼 뜨기)
✓ 팔 : 앞/뒤판 팔 공간에 실 연결 (뒤집어가며 뜨기)
12-18 : (진초록색) 한길 쭉 (13, 15단은 아이보리색)
19단 : (앞걸 2, 뒤걸 2) * 반복

✓ 목 : 1단 위 트임 끝에서부터 반대편 트임 끝까지 한길 쭉 3단
✓ 앞판과 뒤판 옆선 연결하기

check list (bottom)

✓ 소프티 진초록색 2볼, 아이보리색 1볼 / 8호
✓ 1세 사이즈 (배둘레 44cm)
✓ 뜨는 순서 : 앞판 » 뒤판 » 앞/뒤판 연결 » 테두리
✓ 늘리는 법 : 한 무늬 4코 (기초코 = 40 + 4의 배수), 길이는 단수 추가
✓ 늘리기 : ⩡

how to make (bottom)

✓ 앞판 : 사슬 40개로 시작 (뒤집어가며 뜨기)
1단 : (진초록색) 늘리기, 한길 38, 늘리기
2-14단 : 한길 42
15단 : (여기에서부터 다리, 아이보리색) 한길 18
16단 : (진초록색) 한길 18
17-20단 : 15-16단 반복
21단 : (앞걸 2, 뒤걸 2) * 반복

✓ 반대쪽 다리는 배색 없음
✓ 뒤판 대칭으로 만들기
✓ 앞/뒤판 연결

✓ 허리 테두리
1-2단 : (앞걸 2, 뒤걸 2) * 반복

✓ 아디다스 마크 (사슬 13개로 시작)
짧 5, 짧3개모으기, 짧 5, 실 끊고, 짧3개모으기 위에서부터 시작
사슬 3, 뒤집어서 사슬 3위에 짧 3, 시작했던 짧3개모으기 지점에서 빼뜨기로 마무리

tip

✓ 가랑이 부분에 한길 6개 1단을 추가로 뜬 후 연결하면 더 입체적이고 귀여워요!

뷔스티에

check list

✓ 소프티 연분홍색 2볼 / 8호
✓ 1세 사이즈 (배둘레 54cm)
✓ 뜨는 순서 : 앞판 » 뒤판 » 앞/뒤판 연결 » 테두리
✓ 늘리는 법 : 원하는 만큼 기초코와 단수 추가
✓ 모으기 :

how to make

✓ 앞/뒤판 : 사슬 44개로 시작 (뒤집어가며 뜨기)
1-8단 : 한길 44
9단 : 2코 건너 세번째 코에서부터 모으기, 한길 36, 모으기
10단 : (여기에서부터 한쪽 어깨) 한길 14, 한길3개모으기
11단 : 모으기, 한길 11, 모으기
12단 : 한길 10, 한길3개모으기
13단 : 모으기, 한길 7, 모으기
14단 : 한길 6, 한길3개모으기
15단 : 모으기, 한길 3, 모으기
16단 : 한길 5
17단 : 한길 3, 모으기
18-23단 : 한길 4

✓ 반대쪽 어깨 대칭으로 뜨기
✓ 앞/뒤판 잇기
✓ 테두리 : 목둘레, 아랫단, 진동둘레 짧은뜨기

꽈배기 조끼

check list

✓ 소프티 남색 2볼, 회색 1볼 / 8호, 단추
✓ 1-2세 사이즈 (배둘레 56cm)
✓ 뜨는 순서 : 허리둘레 » 앞판 » 뒤판 » 어깨 연결
✓ 늘리는 법 : 원하는 만큼 늘려서 앞뒤 대칭으로 꽈배기 전후에 배분
✓ 늘리기 : , 모으기 :
✓ 꽈배기 : 2코 건너 세번째, 네번째 코에 앞걸 2, 건너뛴 두코 순서대로 앞걸 2

how to make

✓ 사슬 89개로 시작
1단 : (남색) 늘리기, 한길 87, 늘리기 (총 91코)
2단 : 늘리기, 한길, 뒤걸 4, (한길 5, 뒤걸 4) * 4, 한길 7, 뒤걸 4,
(한길 5, 뒤걸 4) * 4, 한길, 늘리기 (총 93코)
3단 : 늘리기, 한길 2, 꽈배기, (한길 5, 꽈배기) * 4, 한길 7, 꽈배기,
(한길 5, 꽈배기) * 4, 한길 2, 늘리기 (총 95코)
4단 : 한길 4, 뒤걸 4, (한길 5, 뒤걸 4) * 4, 한길 7, 뒤걸 4, (한길 5, 뒤걸 4) * 4,
한길 4 (총 95코)
5단 : 한길 4, 앞걸 4, (한길 5, 앞걸 4) * 4, 한길 7, 앞걸 4, (한길 5, 앞걸 4) * 4,
한길 4 (총 95코)
6단 : 한길 4, 뒤걸 4, (한길 5, 뒤걸 4) * 4, 한길 7, 뒤걸 4, (한길 5, 뒤걸 4) * 4,
한길4 (총 95코)
7-9단 : 3-5단 반복 (3단의 늘리기는 적용하지 않음)
10단 : (여기에서부터 오른쪽 앞판) 한길 4, 뒤걸 4, 한길 5, 뒤걸 4, 한길, 모으기
11단 : 한길 2, 꽈배기, 한길 5, 꽈배기, 한길 4
12단 : 한길 4, 뒤걸 4, 한길 5, 뒤걸 4, 모으기
13단 : 한길, 앞걸 4, 한길 5, 앞걸 4, 한길 4
14단 : 한길 4, 뒤걸 4, 한길 5, 뒤걸 4, 한길
15단 : 한길, 꽈배기, 한길 5, 꽈배기, 한길 4
16단 : 한길 4, 뒤걸 4, 한길 5, 뒤걸 4, 한길
17-18단 : 13-14단 반복
19단 : (여기에서부터 어깨끈) 한길, 꽈배기, 한길
20단 : 한길, 뒤걸 4, 한길
21단 : 한길, 앞걸 4, 한길
22단 : 한길, 뒤걸 4, 한길
23-25단 : 19-21단 반복

✓ 왼쪽 앞판 대칭으로 뜨기 (반대쪽 20번째코에서부터 시작, 회색 : 11-17단)

✓ 뒤판 (앞판으로부터 8코 건너 9번째 코에서부터 시작)

10단 : 모으기, 한길, 뒤걸 4, 한길 5, 뒤걸 4, 한길 7, 뒤걸 4, 한길 5, 뒤걸 4, 한길, 모으기

11단 : 한길 2, 꽈배기, 한길 5, 꽈배기, 한길 7, 꽈배기, 한길 5, 꽈배기, 한길 2

12단 : 모으기, 뒤걸 4, 한길 5, 뒤걸 4, 한길 7, 뒤걸 4, 한길 5, 뒤걸 4, 모으기

13단 : 한길, 앞걸 4, 한길 5, 앞걸 4, 한길 7, 앞걸 4, 한길 5, 앞걸 4, 한길

14단 : 한길, 뒤걸 4, 한길 5, 뒤걸 4, 한길 7, 뒤걸 4, 한길 5, 뒤걸 4, 한길

15단 : 한길, 꽈배기, 한길 5, 꽈배기, 한길 7, 꽈배기, 한길 5, 꽈배기, 한길

16-21단 : 12-15단 반복 (19단만 꽈배기)

✓ 양쪽 어깨 앞판과 같이 뜨기

✓ 테두리

- 목둘레를 제외한 나머지 둘레 짧은뜨기로 3단 (배색 적용)
  (3단짜리 테두리 두를 때 2단에서 짧은뜨기 2를 사슬 2로 대체하여 단추구멍 내기)
- 진동둘레 짧은뜨기로 1단 (배색 적용)
- 목둘레 짧은뜨기로 1단

tip

✓ 탐스베이비 덧신과 잘 어울려요!

그냥 니트

check list

✓ 헤라코튼 2-3볼 / 6호
✓ 1세 사이즈 (배둘레 58cm)
✓ 뜨는 순서 : 앞판 » 뒤판 » 팔 » 앞/뒤판 연결 » 테두리
✓ 늘리는 법 : (기초코 = 51 + 2의 배수) 길이는 단수 추가
팔 너비는 16-24단 형식의 단수 추가
✓ 늘리기 : , 모으기 :

how to make

✓ 앞판 : 사슬 51개로 시작 (뒤집어가며 뜨기)
1단 : 한길 51
2단 : (한길, 뒤걸) * 반복, 한길
3단 : (한길, 앞걸) * 반복, 한길
4-15단 : 2-3단 반복
16단 : 늘리기, 뒤걸, (한길, 뒤걸) * 반복, 늘리기
17단 : 한길 2, 앞걸, (한길, 앞걸) * 반복, 한길 2
18단 : 늘리기, 한길, 뒤걸, (한길, 뒤걸) * 반복, 한길, 늘리기
19단 : (한길, 앞걸) * 반복, 한길
20-22단 : 16-18단 반복
23단 : (여기에서부터 어깨) (한길, 앞걸) * 10, 한길, 모으기
24단 : 모으기, (뒤걸, 한길) * 9, 뒤걸, 늘리기
25단 : 한길3개모으기, (한길, 앞걸) * 8, 한길, 모으기
26단 : 모으기, (뒤걸, 한길) * 7, 한길3개모으기
27단 : 한길3개모으기, (한길, 앞걸) * 5, 한길, 모으기
28단 : 모으기, (뒤걸, 한길) * 4, 한길3개모으기

✓ 반대쪽 어깨 대칭으로 뜨기

✓ 뒤판 : 사슬 51개로 시작 (뒤집어가며 뜨기)
1-22단 : 앞판과 동일
23단 : 앞판의 19단과 동일
24단 : 앞판의 16단과 동일
25단 : 한길3개모으기, (한길, 앞걸) * 반복, 한길, 한길3개모으기
26단 : 한길3개모으기, (한길, 뒤걸) * 반복, 한길, 한길3개모으기
27-28단 : 앞판 27-28단과 동일

✓ 팔 : 앞/뒤판 각각 따로 뜨기, 15단 측면에서부터 24단 측면까지 총 21코
(21코 = 매단 한길 2개씩 + 24단과 25단 사이 모서리에 한길긴뜨기 1개)
1단 : 한길 21
2단 : 한길, (뒤걸, 한길) * 반복
3단 : 한길, (앞걸, 한길) * 반복
4-9단 : 2-3단 반복

✓ 앞/뒤판 연결
✓ 테두리 : 목둘레, 팔목, 밑단 짧은뜨기

tip

✓ 오버사이즈로 뜨면 더더욱 느낌 있어요!

호박 원피스 세트

check list

✓ 원피스 : 하이소프트 카키 2-3볼, 바지 : 하이소프트 베이지 1-2볼 / 6호
✓ 1-2세 사이즈 (배둘레 56cm)
✓ 뜨는 순서 : 원피스 - 상단 앞판 » 상단 뒤판 » 하단 » 테두리
프릴바지 - 앞판 » 뒤판 » 앞/뒤판 잇기 » 프릴, 테두리
✓ 늘리는 법 : 원피스 - 한 무늬 18코 (기초코 = 55 + 18의 배수)
프릴바지 - 한 무늬 4코 (기초코 = 44 + 4의 배수)
✓ 주요무늬 :

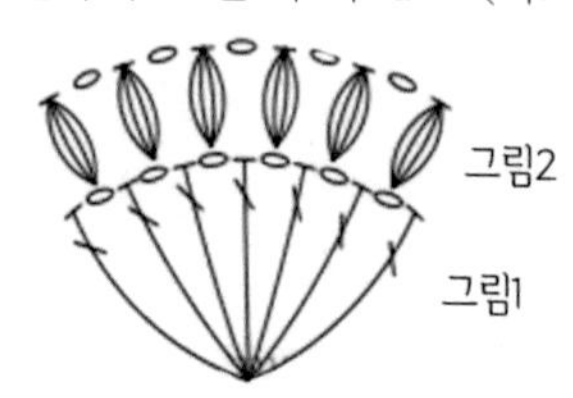

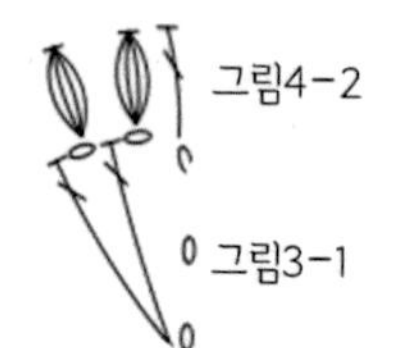

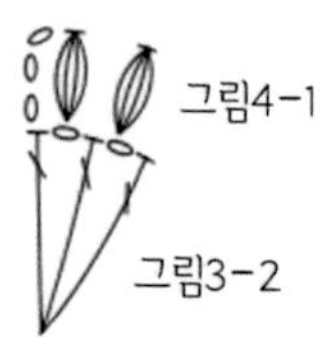

how to make (dress)

✓ 사슬 55개로 시작 (뒤집어가며 뜨기)
1단 : 한길 55
2-4단 : 이랑뜨기로 한길 55
5단 : 짧 3, 사슬 2,
(6코 건너 7번째 코에 그림1, 사슬 2, 6코 건너 7번째 코부터 짧 5, 사슬 2) * 2,
6코 건너 7번째 코에 그림1, 사슬 2, 6코 건너 7번째 코부터 짧 3
6단 : (짝수단 짧 → 이랑뜨기로 뜨기) 짧 2, 사슬 2,
(그림2, 사슬 2, 짧은뜨기 5코 중 가운데 세코에 짧 3, 사슬 2) * 2,
그림2, 사슬 2, 짧은뜨기 3코 중 끝 두코에 짧 2
7단 : 코마다 한길 한개씩 (사슬 1 = 한길 1, 사슬 2 = 한길 2) (총 55코)
8단 : 이랑뜨기로 한길 55
9단 : 첫코에 그림3-1, 사슬 2,
(6코 건너 7번째 코부터 짧 5, 사슬 2, 6코 건너 7번째 코에 그림1, 사슬 2) * 2,
6코 건너 7번째 코부터 짧 5, 사슬 2, 6코 건너 끝코에 그림3-2 (총 63코)
10단 : 그림4-1, (사슬 2, 짧은뜨기 5코 중 가운데 세코에 짧 3, 사슬 2, 그림2) * 2,
사슬2, 짧은뜨기 5코 중 가운데 세코에 짧 3, 사슬 2, 그림4-2 (총 49코)
11단 : 한길2개모으기, 한길 45, 한길2개모으기 (사슬 1 = 한길 1, 사슬 2 = 한길 2)
(총 47코)
12-17단 : (여기서부터 어깨끈) 한길 8

✓ 반대쪽 어깨 대칭으로 뜨고 여기까지 총 2장 만들기

✓ 치마 : 상의 편물 아래부분에 안쪽면을 바라본 상태에서 뒤집어가며 뜨기
(안쪽면 : 홀수단 겉면, 짝수단 안쪽면)
1단 : 한길3개늘리기, (한길 8, 한길3개늘리기) * 5, 한길 9,
여기서 뒤집지 말고 떠두었던 다른 몸통 편물 아래 첫코에 한길3개늘리기,
(한길 8, 한길3개늘리기) * 5, 한길 9 (총 134코)
즉, 치마 1단을 뜨면서 몸통으로 떠두었던 두장의 편물이 이어짐. 트임은 나중에 이음.
2단 : 이랑뜨기로 한길 1개씩
3단 : 한길 1개씩 뜨되 1단의 한길3개늘리기 가운데 코 위에서 한길3개 늘리기 (총 158코)
4-14단 : 한길 1개씩 뜨되 짝수단은 이랑뜨기, 홀수단은 그냥 뜨기
15단 : 짧 3, 사슬 2,
(6코 건너 7번째 코에 그림1, 사슬 2, 6코 건너 7번째 코부터 짧 7, 사슬 2) * 7,
6코 건너 7번째 코에 그림1, 사슬 2, 5코 건너 6번째 코부터 짧 3 (총 191코)
16단 : (짧->이랑뜨기로 뜨기) 짧 2, 사슬 2,
(그림2, 사슬 2, 짧은뜨기 7코 중 가운데 다섯코에 짧 5, 사슬 2) * 7번 반복,
그림2, 사슬 2, 짧은뜨기 3코 중 끝 두코에 짧 2 (총 159코)
17단 : 한길 쭉
18단 : 이랑뜨기로 한길 쭉

✓ 연결되어 있지 않은 한쪽 옆선을 반대쪽과 같이 잇기
✓ 테두리 : 겨드랑이와 목둘레 짧은뜨기
✓ 꽃 : 사슬 21개로 시작
1단 : 한길5개늘리기, (1코 건너 한길5개늘리기) * 반복
2단 : (사슬 3, 첫코에 한길, 늘리기 3, 한길, 사슬 3, 다섯번째코에 빼뜨기) * 반복
돌돌 말아 예쁘게 고정

how to make (bottom)

✓ 사슬 42개로 시작 (뒤집어가며 뜨기)
1단 : 한길2개늘리기, 한길 40, 한길2개늘리기
2-14단 : 한길 44
15-20단 : (여기서부터 다리) 한길 19
21단 : (앞걸 2, 뒤걸 2) * 반복

✓ 반대쪽 다리 대칭으로 만들고 총 두장을 떠서 옆선 잇기
✓ 허리 테두리 : (앞걸 2, 뒤걸 2) * 반복, 2단까지
✓ 프릴 : 바지 마지막단 아래에 한코마다 한길2개늘리기 1단

꽈배기 원피스

check list

✓ 하이소프트 핑크색 3-4볼 / 6호, 단추
✓ 1-2세 사이즈 (배둘레 56cm)
✓ 뜨는 순서 : 상단 앞판 » 상단 뒤판 » 하단 » 테두리
✓ 늘리는 법 : 원하는 만큼 늘려서 걸어뜨기 앞뒤로 배분, 길이는 단수추가
✓ 꽈배기 : 4코 건너 두길앞걸 4, 건너띈 4코에 아까 뜬 4코 앞쪽으로 두길앞걸 4
✓ 대칭꽈배기 : 4코 건너 두길앞걸 4, 건너띈 4코에 아까 뜬 4코 뒷쪽으로 두길앞걸 4
(유튜브 김그웬 대칭꽈배기 동영상 참조)

how to make

✓ 상의 앞판 : 사슬 52개로 시작 (뒤집어가며 뜨기)
1단 : 한길 52
2단 : 한길 5, 뒤걸 3, 한길 3, 뒤걸 3, 한길 3, 뒤걸 8, 한길 2, 뒤걸 8, 한길 3, 뒤걸 3, 한길 3, 뒤걸 3, 한길 5
3단 : 한길 5, 앞걸 3, 한길 3, 앞걸 3, 한길 3, 사슬 2, 꽈배기, 사슬 2, 한길 2, 사슬 2, 대칭꽈배기, 사슬 2, 한길 3, 앞걸 3, 한길 3, 앞걸 3, 한길 5
4단 : (앞단에 떴던 사슬은 무시) 한길 5, 뒤걸 3, 한길 3, 뒤걸 3, 한길 3, 뒤걸 8, 한길 2, 뒤걸 8, 한길 3, 뒤걸 3, 한길 3, 뒤걸 3, 한길 5 (총 52코)
5단 : 한길2개모으기, 한길 3, 앞걸 3, 한길 3, 앞걸 3, 한길 3, 앞걸 8, 한길 2, 앞걸 8, 한길 3, 앞걸 3, 한길 3, 앞걸 3, 한길 3, 한길2개모으기 (총 50코)
6단 : 한길 4, 뒤걸 3, 한길 3, 뒤걸 3, 한길 3, 뒤걸 8, 한길 2, 뒤걸 8, 한길 3, 뒤걸 3, 한길 3, 뒤걸 3, 한길 4 (총 50코)
7단 : 한길2개모으기, 한길 2, 앞걸 3, 한길 3, 앞걸 3, 한길 3, 사슬 2, 꽈배기, 사슬 2, 한길 2, 사슬 2, 대칭꽈배기, 사슬 2, 한길 3, 앞걸 3, 한길 3, 앞걸 3, 한길 2, 한길2개모으기
8단 : (앞단에 떴던 사슬은 무시) 한길 3, 뒤걸 3, 한길 3, 뒤걸 3, 한길 3, 뒤걸 8, 한길 2, 뒤걸 8, 한길 3, 뒤걸 3, 한길 3, 뒤걸 3, 한길 3 (총 48코)
9단 : 한길2개모으기, 한길, 앞걸 3, 한길 3, 앞걸 3, 한길 3, 앞걸 8, 한길 2, 앞걸 8, 한길 3, 앞걸 3, 한길 3, 앞걸 3, 한길, 한길2개모으기 (총 46코)
10단 : 한길 2, 뒤걸 3, 한길 3, 뒤걸 3, 한길 3, 뒤걸 8, 한길 2, 뒤걸 8, 한길 3, 뒤걸 3, 한길 3, 뒤걸 3, 한길 2 (총 46코)
11단 : (여기에서부터 한쪽 어깨) 한길2개모으기, 앞걸 3, 한길 3, 앞걸 3, 한길 3, 사슬 2, 꽈배기(4코 건너 두길앞걸 4, 건너띈 4코 앞쪽으로 두길앞걸 2, 두길앞걸2개모으기), 한길 (총 21코)
12단 : 한길3개모으기, 뒤걸 5, 한길 3, 뒤걸 3, 한길 3, 뒤걸 3, 한길 (총 19코)

13단 : 한길2개모으기, 앞걸 2, 한길 3, 앞걸 3, 한길 3, 앞걸 2, 한길3개모으기,
한코 남겨두고 바로 다음단 (총 16코)
14단 : 한길3개모으기, 한길 3, 뒤걸 3, 한길 3, 뒤걸 3 (총 13코)
15단 : 한길2개모으기, 앞걸, 한길 3, 앞걸 3, 한길, 한길3개모으기 (총 10코)
16단 : 한길3개모으기, 뒤걸 2, 한길 3, 뒤걸 2 (총 8코)
17단 : 한길2개모으기, 한길 3, 앞걸, 한길2개모으기 (총 6코)
18단 : 한길2개모으기, 한길 4 (총 5코)
19-46단 : 한길 5
47단 : 한길 2, 사슬, 1코 건너 한길 2
48단 : 한길 5

✓ 반대쪽 어깨 대칭으로 뜨기 (매단 순서를 반대로 보면서 11단은 대칭꽈배기로 뜨기)

✓ 상의 뒤판 (사슬 52개로 시작, 뒤집어가며 뜨기)
1단 : 한길 52
2단 : 한길 15, (앞걸 2, 뒤걸 2) * 5, 앞걸 2, 한길 15
3단 : 한길 15, (뒤걸 2, 앞걸 2) * 5, 뒤걸 2, 한길 15
4단 : 2단 반복

✓ 상의 앞판과 상의 뒤판 1-4단 잇기
✓ 치마 (원형뜨기)
1단 : (한길2개늘리기, 한길 6) * 반복
2단 : (한길2개늘리기, 한길 7) * 반복
3단 : (한길2개늘리기, 한길 8) * 반복
4단 : (한길2개늘리기, 한길 9) * 반복
5단 : (한길2개늘리기, 한길 10) * 반복
6-17단 : 한길 쭉
18단 : 짧 쭉

✓ 테두리 : 상의 뒤쪽에서부터 시작해 짧은뜨기로 쭉 두르기
✓ 뒤판 적절한 위치에 단추 달기

꽈배기 멜빵수트

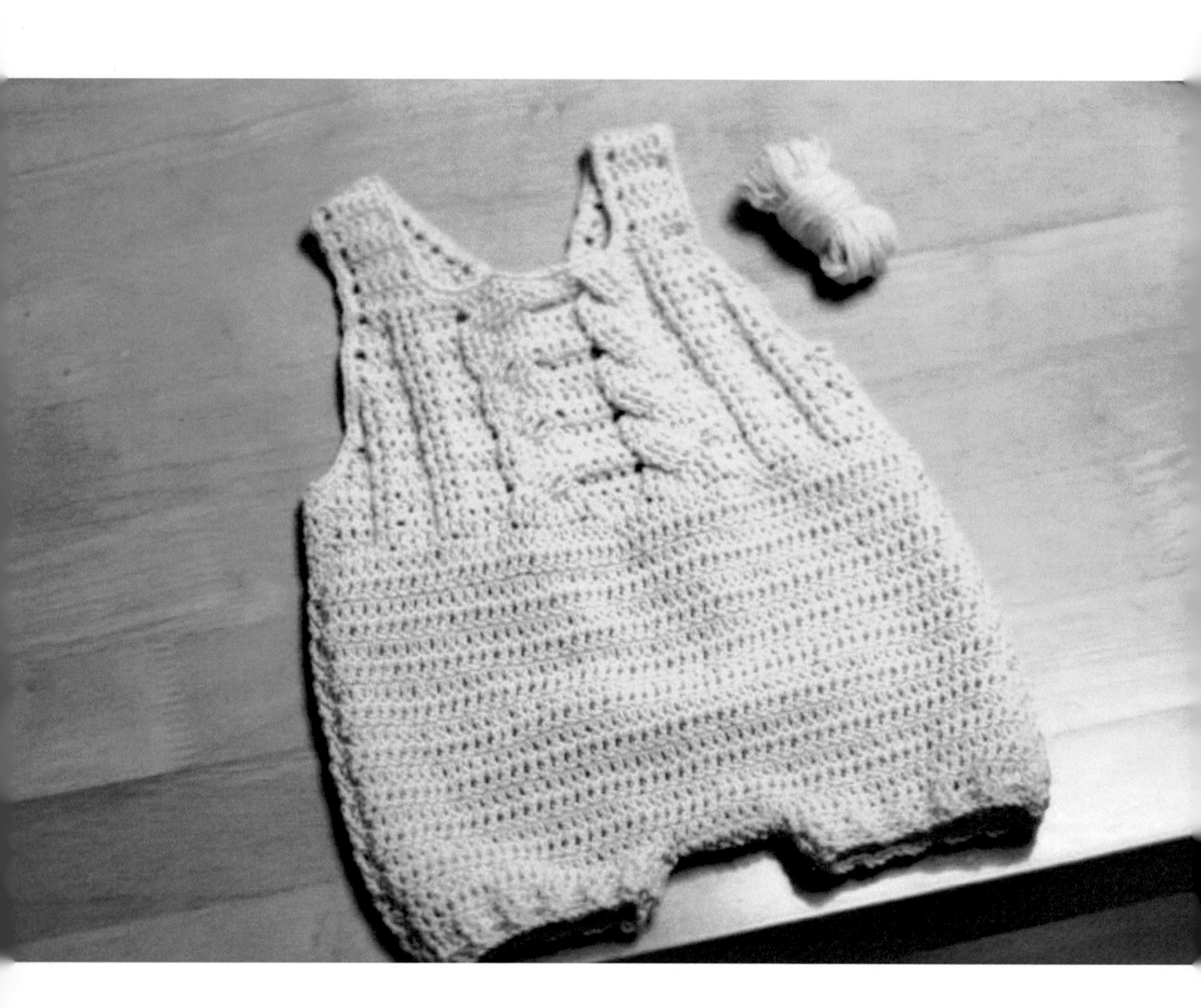

check list

✓ 헤라코튼 연노랑색 3볼 / 6호, 단추
✓ 1-2세 사이즈 (배둘레 56cm)
✓ 뜨는 순서 : 상단 앞판 » 상단 뒷판 » 하단 » 테두리
✓ 늘리는 법 : 원하는 만큼 늘려서 걸어뜨기 앞뒤로 배분, 길이는 단수추가
✓ 꽈배기 : 4코 건너 두길앞걸 4, 건너띈 4코에 아까 뜬 4코 앞쪽으로 두길앞걸 4
✓ 대칭꽈배기 : 4코 건너 두길앞걸 4, 건너띈 4코에 아까 뜬 4코 뒷쪽으로 두길앞걸 4
(유튜브 김그웬 대칭꽈배기 동영상 참조)

how to make

✓ 상의 앞판 : 사슬 52개로 시작 (뒤집어가며 뜨기)
1단 : 한길 52
2단 : 한길 5, 뒤걸 2, 한길 3, 뒤걸 3, 한길 3, 뒤걸 8, 한길 4, 뒤걸 8, 한길 3, 뒤걸 3, 한길 3, 뒤걸 2, 한길 5
3단 : 한길 5, 앞걸 2, 한길 3, 앞걸 3, 한길 3, 사슬 2, 꽈배기, 사슬 2, 한길 4, 사슬 2, 대칭꽈배기, 사슬 2, 한길 3, 앞걸 3, 한길 3, 앞걸 2, 한길 5
4단 : (앞단에 떴던 사슬은 무시) 한길 5, 뒤걸 2, 한길 3, 뒤걸 3, 한길 3, 뒤걸 8, 한길 4, 뒤걸 8, 한길 3, 뒤걸 3, 한길 3, 뒤걸 2, 한길 5 (총 52코)
5단 : 한길2개모으기, 한길 3, 앞걸 2, 한길 3, 앞걸 3, 한길 3, 앞걸 8, 한길 4, 앞걸 8, 한길 3, 앞걸 3, 한길 3, 앞걸 2, 한길 3, 한길2개모으기 (총 50코)
6단 : 한길 4, 뒤걸 2, 한길 3, 뒤걸 3, 한길 3, 뒤걸 8, 한길 4, 뒤걸 8, 한길 3, 뒤걸 3, 한길 3, 뒤걸 2, 한길 4 (총 50코)
7단 : 한길2개모으기, 한길 2, 앞걸 2, 한길 3, 앞걸 3, 한길 3, 사슬 2, 꽈배기, 사슬 2, 한길 4, 사슬 2, 대칭꽈배기, 사슬 2, 한길 3, 앞걸 3, 한길 3, 앞걸 2, 한길 2, 한길2개모으기
8단 : (앞단에 떴던 사슬은 무시) 한길 3, 뒤걸 2, 한길 3, 뒤걸 3, 한길 3, 뒤걸 8, 한길 4, 뒤걸 8, 한길 3, 뒤걸 3, 한길 3, 뒤걸 2, 한길 3 (총 48코)
9단 : 한길2개모으기, 한길, 앞걸 2, 한길 3, 앞걸 3, 한길 3, 앞걸 8, 한길 4, 앞걸 8, 한길 3, 앞걸 3, 한길 3, 앞걸 2, 한길, 한길2개모으기 (총 46코)
10단 : 한길 2, 뒤걸 2, 한길 3, 뒤걸 3, 한길 3, 뒤걸 8, 한길 4, 뒤걸 8, 한길 3, 뒤걸 3, 한길 3, 뒤걸 2, 한길 2 (총 46코)
11단 : 한길2개모으기, 앞걸 2, 한길 3, 앞걸 3, 한길 3, 사슬 2, 꽈배기, 사슬 2, 한길 4, 사슬 2, 대칭꽈배기, 사슬 2, 한길 3, 앞걸 3, 한길 3, 앞걸 2, 한길2개모으기
12단 : (앞단에 떴던 사슬은 무시) 한길, 뒤걸 2, 한길 3, 뒤걸 3, 한길 3, 뒤걸 8, 한길 4, 뒤걸 8, 한길 3, 뒤걸 3, 한길 3, 뒤걸 2, 한길 (총 44코)

13단 : 한길2개모으기, 앞걸, 한길 3, 앞걸 3, 한길 3, 앞걸 8, 한길 4, 앞걸 8, 한길 3, 앞걸 3, 한길 3, 앞걸, 한길2개모으기 (총 42코)

14단 : 뒤걸 2, 한길 3, 뒤걸 3, 한길3 , 뒤걸 8, 한길 4, 뒤걸 8, 한길 3, 뒤걸 3, 한길 3, 뒤걸 2 (총 42코)

15단 : 한길2개모으기, 한길 3, 앞걸 3, 한길 3, 사슬 2, 꽈배기, 사슬 2, 한길 4, 사슬 2, 대칭꽈배기, 사슬 2, 한길 3, 앞걸 3, 한길 3, 한길2개모으기

16단 : (앞단에 떴던 사슬은 무시) 한길 4, 뒤걸 3, 한길 3, 뒤걸 8, 한길 4, 뒤걸 8, 한길 3, 뒤걸 3, 한길 4 (총 40코)

17단 : (여기서부터 어깨) 한길2개모으기, 한길 4, 한길2개모으기

18-46단 : 한길 6

47단 : 한길 2, 사슬 2, 2코 건너 한길 2

48단 : 한길 6

✓ 반대쪽 어깨 대칭으로 뜨기

✓ 상의 뒷판 (사슬 52개로 시작, 뒤집어가며 뜨기)

1단 : 한길 52

2단 : 한길 15, (앞걸 2, 뒤걸 2) * 5, 앞걸 2, 한길 15

3단 : 한길 15, (뒤걸 2, 앞걸 2) * 5, 뒤걸 2, 한길 15

4단 : 2단 반복

✓ 바지 (상의 편물 아래에 각각 뜨기)

1단 : 한길 16, 한길2개늘리기, 한길 18, 한길2개늘리기, 한길 16

2-16단 : 한길 54

17-18단 : (여기에서부터 다리) 한길 24

19단 ; 앞걸 2, 뒤걸 2 반복

✓ 나머지 다리와 나머지 편물 똑같이 뜨기

✓ 앞/뒤판 잇기 : 바지 하단에서부터 상의 4단까지, 가랑이

✓ 테두리 : 상의 뒤쪽에서부터 시작해 짧은뜨기로 쭉 두르기

✓ 뒤판 적절한 위치에 단추 달기

미*앤*프 st. 원피스

check list

✓ 하모니 아이보리색 4볼, 연두색 1볼, 보라색 1볼 / 5호, 단추
✓ 2세 사이즈
✓ 뜨는 순서 : 상단 » 하단 » 테두리
✓ 늘리는 법 : 기초코 = 110 + 3의 배수, 길이는 단수 추가
✓ 늘리기 : , 무늬1 = , 무늬2 =

how to make

✓ 사슬 110개로 시작 (15단까지 뒤집어가며 뜨기, 16단부터 원형뜨기)
1단 : (연두색) 한길 110
2단 : (아이보리) (늘리기 2, 1코 건너) * 36, 늘리기 2 (총 148코)
3단 : 한길, 2단의 늘리기와 늘리기 사이 공간마다 (무늬1, 사슬) * 36,
무늬1, 마지막 코에 한길
4-5단 : 한길, "무늬1"의 사슬 위마다 (무늬1, 사슬 2) * 반복, 무늬1, 한길
6단 : 한길, "무늬1"의 사슬 위마다 (무늬1, 사슬 3) * 반복, 무늬1, 한길
7단 : (연두색) 한길,
("무늬1의 사슬"에 무늬1, "사슬 3 중에 가운데 사슬"에 무늬2) * 반복, 한길
8단 : (아이보리색) 한길, ("무늬1의 사슬"에 무늬1, "무늬2의 사슬"에 무늬2) * 반복,
한길
9단 : (보라색) 한길, ("무늬1의 사슬"에 무늬1, "무늬2의 사슬"에 무늬2) * 반복, 한길
10-11단 : (아이보리색) 위와 같은 방식으로 계속 뜨되 무늬들 사이에 사슬 1개
12-13단 : 위와 같은 방식으로 계속 뜨되 무늬들 사이에 사슬 2개
14-15단 : 무늬들 사이에 사슬 3개 추가, 15단을 뜬 후 첫코와 빼뜨기
16단 : (원형뜨기로 뜨되 매단 뒤집어가며 뜨기) 한길, 사슬 3,
이전과 같은 방식으로 무늬 번갈아뜨기 (무늬 사이 사슬 3)
마지막무늬를 뜬 후 사슬 3, 첫코 시작지점에 한길, 사슬
(첫코와 끝코가 만나 무늬2 완성)
✓ 다음단부터 팔 구멍을 비움
17단 : (무늬1과 무늬2에 무조건 무늬1을 뜨고 사슬 3 중에 가운데 사슬에만 무늬2를 뜸)
16단 마지막에 완성된 무늬2 위에 한길 2,
(무늬2, 무늬1) * 10, 16단의 사슬3, (무늬1, 사슬3, 무늬2, 사슬3) * 8세트 건너 뜀
(무늬1, 무늬2) * 20, 무늬1, 16단의 사슬3, (무늬2, 사슬3, 무늬1, 사슬3) * 8세트 건너 뜀
(무늬1, 무늬2) * 10, 16단 마지막에 무늬2 위에 한길 2, 사슬
(마지막코와 첫코가 만나 무늬1이 완성)

✓ 무늬1 위에 무늬1 뜨고, 무늬2 위에 무늬2 뜨기
하단부터 무늬 사이에 들어가는 사슬 개수만 기입 (첫코와 끝코는 17단처럼 뜨기)

18-22단 : 무늬 사이에 사슬 없음
23-27단 : 사슬 1
28-31단 : 사슬 2
32단 : (연두색) 사슬 2
33단 : (아이보리색) 사슬 3
34단 : (보라색) 사슬 3
35단 : (아이보리색) 사슬 3
36단 : (연두색) 사슬 3
37단 : (아이보리색) 사슬 3
38단 : (보라색) 사슬 4
39-40 : (아이보리색) 사슬 4

✓ 길이를 더 늘리고 싶다면 5단마다 사슬 1개를 추가
✓ 목 테두리 : (연두색) 1단 위에서 짧은뜨기로 뒤트임 부분도 포함해 쭉 두르기
목 둘레가 크다면 짧3개모으기를 적절히 분배해 줄이기
✓ 단추 고리 : (연두색) 뒤트임 부분에 사슬 7개로 고리 세개 만들기
✓ 단추 달기

카라 원피스

check list

✓ 소프티 검정색 3볼, 아이보리색, 빨간색, 살구색, 인디핑크, 진녹색, 연녹색 각 1볼
/ 8호(옷), 6호(꽃), 단추, 레이스 공단
✓ 1-2세 사이즈 (배둘레 54cm)
✓ 뜨는 순서 : 목둘레 » 몸통 » 팔 » 카라 » 단추 » 장식
✓ 늘리는 법 : 한 무늬 8코 (기초코 = 68 + 8의 배수), 길이는 단수 추가
✓ 8코 늘리는 위치 : 1단 - 한길 9(+1), V무늬, 한길 14(+2), V무늬, 한길 18(+2), V무늬,
한길 14(+2), V무늬, 한길 9(+1)
✓ V무늬 : , 늘리기 :

how to make

✓ 사슬 68개로 시작 (뒤집어가며 뜨기)
1단 : 한길 9, V무늬, 한길 14, V무늬, 한길 18, V무늬, 한길 14, V무늬, 한길 9
2단 : 한길 10, V무늬, 한길 16, V무늬, 한길 20, V무늬, 한길 16, V무늬, 한길 10
3-11단 : 1-2단 형식 반복 (매단 8코 증가)
12단 : 한길 20, 첫번째 V무늬 공간과 두번째 V무늬의 사슬 공간을 겹쳐서 한길,
한길 40, 세번째 V무늬 공간과 네번째 V무늬의 사슬 공간을 겹쳐서 한길,
한길 20
13단 : 한길 20, 한길3개늘리기, 한길 40, 한길3개늘리기, 한길 20
14단 : 한길 86
15단 : 한길 21, 한길3개늘리기, 한길 42, 한길3개늘리기, 한길 21
16단 : 한길 90
17단 : 한길 22, 한길3개늘리기, 한길 44, 한길3개늘리기, 한길 22 (총 94코)
18단 : 한길 8, 늘리기, 한길 29, 늘리기, 한길 16, 늘리기, 한길 29, 늘리기, 한길 8
19단 : 한길 9, 늘리기, 한길 29, 늘리기, 한길 18, 늘리기, 한길 29, 늘리기, 한길 9
20-29단 : 17-19단 형식 반복 (3개늘리기 밑에서 3개늘리기, 늘리기 밑에서 늘리기)

✓ 팔 (뒤집어가며 뜨기)
1-17단 : 한길 쭉
✓ 팔 트임 연결하기, 뒤판 트임 8-29단 연결하기

✓ 카라 : 1단 위에서 시작 (뒤집어가며 뜨기, 2단부터는 절반 먼저 뜸)
1단 : (아이보리색) 한길 68
2단 : 한길 33, 늘리기
3단 : 늘리기, 한길 34,
4-7단 : 2-3단 반복

✓ 나머지 카라 대칭으로 뜨고 짧은뜨기로 테두리 두르기
✓ 카라 2단에 사슬 6개로 단추 고리 만들기

✓ 뒤트임 한쪽에 짧은뜨기로 단추 덧단 뜨기 (1-7단, 총 14코)
1단 : 짧 14, 2단 : 짧 2, (사슬 2, 2코 건너 짧 2) * 3, 3단 : 짧 14
✓ 단추 구멍에 맞추어 단추 달기

✓ 꽃 : 사슬 21개로 시작 (작은 꽃은 사슬을 줄여 뜨기)
1단 : 한길5개늘리기, (1코 건너 한길5개늘리기) * 반복
2단 : (사슬 3, 첫코에 한길, 늘리기 3, 한길, 사슬 3, 다섯번째코에 빼뜨기) * 반복
돌돌말아 예쁘게 고정

✓ 작은 잎

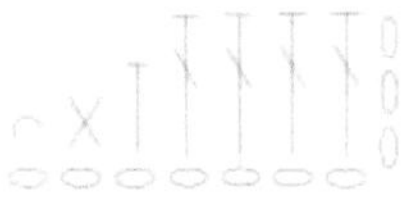

✓ 큰 잎